U0501550

现在吃的苦、流的汗，都将成为你将来任性的资本。

你的任性，
必须配得上
你的本事

文峰 / 编著

吉林出版集团股份有限公司

版权所有　侵权必究

图书在版编目（CIP）数据

　　你的任性，必须配得上你的本事 / 文峰编著 . -- 长
春：吉林出版集团股份有限公司，2019.1

　　ISBN 978-7-5581-2492-1

　　Ⅰ . ①你… Ⅱ . ①文… Ⅲ . ①人生哲学 – 通俗读物

Ⅳ . ① B821-49

　　中国版本图书馆 CIP 数据核字（2019）第 008956 号

NI DE RENXING, BIXU PEI DE SHANG NI DE BENSHI
你的任性，必须配得上你的本事

编　　著：文　峰
出版策划：孙　昶
责任编辑：孙骏骅
装帧设计：韩立强
封面供图：摄图网
出　　版：吉林出版集团股份有限公司
　　　　　（长春市福祉大路 5788 号，邮政编码：130118）
发　　行：吉林出版集团译文图书经营有限公司
　　　　　（http: //shop34896900.taobao.com）
电　　话：总编办 0431-81629909　营销部 0431-81629880 / 81629900
印　　刷：天津海德伟业印务有限公司
开　　本：880mm×1230mm　　1/32
印　　张：6
字　　数：140 千字
版　　次：2019 年 1 月第 1 版
印　　次：2021 年 5 月第 3 次印刷
书　　号：ISBN 978-7-5581-2492-1
定　　价：32.00 元

印装错误请与承印厂联系　　电话：022-82638777

想买什么东西了，毫不犹豫地掏钱买下；想旅行了，订张机票说走就走；不想工作了，立马交上辞职报告……相信任何一个人都有这样一颗任性的心，希望能把生活过成自己想要的样子。但是，对很多人来说，可以任性地生活与现实之间，隔着的距离可能不止十万八千里。

需要明白的是，任性并不是恣意妄为，而是有本事按照自己的意愿生活；是有能力推着生活走，而不是被生活推着走。现实中，能任性生活的人都是有本事的，他们用自己的成就证明他们的任性并不是纸上谈兵。

这个世界上含着金汤匙出生的人只是极少数，所以，我们作为大多数的普通人都只能靠努力来造就自己的人生，因为没有人能为我们的任性买单。我们的选择将决定我们的人生。我们今天能获得的一切，都源于自己曾经的选择与付出过的努力。

这个世界未必公平，但是合理。想过你要的生活，你就要比别人更用心、更专注、更努力、更勤奋，只要不放弃追求，不停止脚步，不放任自己的懒惰，不逃避自己的责任，哪怕这一切离得很远，你也会因生命之中迸发的力量，而一步一步接近自己的梦想。所以，从这一刻开始，你要为自己下一刻的人生负责，从今天开始修行，学习本事，现在的你吃的苦、流的汗都将成为你将来任性的资本。你要明白，用你的本事阐释你的任性，这样才是真正的任性！

王尔德说："如果你浪费了自己的年龄，那是挺可悲的。因为你的青春只能持续一点时间——很短的一点时间。"青春年少时，你要尽情享受青春的芳香，而不要吝啬付出努力的汗水。如果你不足够努力，不肯下功夫去学习、去长本事，那么你只能在未来的很多年里仰望别人的幸福，只能眼睁睁地看着别人任性，而自己还在怨天怨地，唯独不怨自己。

要知道，幸福不会平白无故地到来，你要足够费力去磨炼自己，才能收获那么一点点好运。人的一生看似漫长，其实很短。能够穷其一生做一件事的人很少，所以成功的人少，平庸的人多；能够坚持做下去的人少，所以做梦的人多，实现梦想的人少。当你对生活提出要求时，生活也会对你提出要求。你要想过得更好，想要任性地活着，那你首先要向世界证明，你值得！你要让世界知道，你能够这么任性，因为你配得上这种人生！当你的本事真的很强大时，世界会对你格外照顾。如果你没有本事还自负骄傲，你会觉得世界对你刻薄、待你不公。

其实无论多晚的开始都是向明媚人生出发的起点。要让今天的你，对得起自己期望的未来，让你的任性能配得上你的本事。

目 录
CONTENTS

第三章　想要过得体面，就别让自己那么敷衍

第四章　理想与现实的距离，只有奋斗能缩短

第一章

你的任性必须要配得上
你的本事

可以不成功，但不能不成长

在成长的过程中，有一些人因为遭受来自社会、家庭的议论、批评、否定和打击，奋发向上的热情便慢慢冷却，逐渐丧失了信心和勇气，对失败惶恐不安，变得懦弱、狭隘、自卑、孤僻、害怕承担责任、不思进取、不敢拼搏。事实上，他们不是输给了外界压力，而是输给了自己。很多时候，阻挡我们前进的不是别人，而是我们自己。因为怕跌倒，所以走得胆战心惊、亦步亦趋；因为怕受伤害，所以把自己裹得严严实实。殊不知，我们在封闭自己的同时，也封闭了自己的人生。

有一条鱼在很小的时候被捕上了岸，渔人看它太小，而且很美丽，便把它当成礼物送给了女儿。

女孩把它放在一个鱼缸里养了起来。每天，这条鱼游来游去总会碰到鱼缸的内壁，心里便有一种不愉快的感觉。

后来鱼越长越大，在鱼缸里转身都困难了，女孩便为它换了更大的鱼缸，它又可以游来游去了。可是每次碰到鱼缸的内壁，它的心情便畅快不起来了。它有些讨厌这种原地转圈的生活了，索性静静地悬浮在水中，不游也不动，甚至连食物也不怎么吃了。

女孩看它很可怜，便把它放回了大海。

它在海中不停地游着，心中却一直快乐不起来。

一天它遇见了另一条鱼，那条鱼问它："你看起来好像闷闷不乐啊！"

它叹了口气说："啊，这个鱼缸太大了，我怎么也游不到它的边！"

我们是不是就像那条鱼呢？在鱼缸中待久了，心也变得像鱼缸一样小了，不敢有所突破，有一天到了一个更为广阔的空间，已变得狭小的心反倒无所适从了。其实，心有多大，世界就有多大。如果不能打碎心中的四壁，你的翅膀就舒展不开，即使给你一片大海，你也找不到自由的感觉。打开自己，需要开放的胸怀。

开放，是一种心态、一种个性、一种气度、一种修养；是能正确地对待自己、他人、社会和周围的一切；是对自己的专业和周围的世界都怀有强烈的兴趣，喜欢钻研和探索；是热爱创新，不墨守成规，不故步自封，不固执僵化；是乐于和别人分享快乐，并能抚慰别人的痛苦与哀伤；是谦虚，勇于承认自己的不足，并能乐观地接受他人的意见，而且非常喜欢和别人交流；是乐于承担责任和接受挑战；是具有极强的适应性，乐意接受新的思想和新的经验，能够迅速适应新的环境；是坚强，敢于面对任何的否定和挫折，不畏惧失败。

不打开自己，一个人就不可能学会新东西，更不可能进步和成长。开放的胸怀，是学习的前提，是沟通的基础，是提升自我的起点。在一个组织里，最成功的人就是拥有开放胸怀的人，他们进步最快，人缘最好，也容易获得成功的机会。

具有开放胸怀的人，会主动听取别人的意见，改进自己的工作。比尔·盖茨经常对微软的员工说："客户的批评比赚钱更重要。从客户的批评中，我们可以更好地汲取失败的教训，将它转化为成功的动力。"比尔·盖茨本人就是一个心态非常开放的人，他鼓励公司里每个人畅所欲言，当别人和他有不同意见时，他会很虚心地去听。每次公开讲演之后，他都会问同事哪里讲得好，哪里讲得不好，下次应该怎样改进。这就是世界巨富的作风，也是他之所以能成为巨富的潜质。

开放的心自由自在，可以飞得又高又远；而封闭的心像一池死水，永远没有机会进步。如果你的心过于封闭，不能接纳别人的建议，就等于锁上一扇门，禁锢了你的心灵。要知道偏狭就像一把利刃，会切断许多机会及沟通的渠道。

花草因为有土壤和养分，才会茁壮成长、美丽绽放，人的心灵也需要不断接受新思想的洗礼和浇灌，否则智慧就会因为缺乏营养而枯萎死亡。

拥有开放的心，你才能充分利用成功的第一原则：一个人只要对自己的信念坚定不移，就没有做不到的事情。打开你的心，让想象力自由翱翔，让你成功的希望越飞越高。

开放的人生来源于开放的思想，开放的思想来源于开放的眼界，开放的眼界来源于开放的行动，开放的行动来源于开放的知识。生活在一个不断开放的国度里，我们也要以开放的胸襟，用开放的思维，用开放的勇气，用开放的行动，为自己建立一个不断开放、不断进步的人生。

人总要经历沧桑，才能见到曙光

大多数时候，我们都很害怕遗憾，特别是刻骨铭心的遗憾，总是极力地去避免。我们都知道一步错、步步错的道理，却忘记了有些弯路是必不可少的。

人生一世，花开一季，谁都想让此生了无遗憾，谁都想让自己所做的每一件事都永远正确，从而达到自己的预期。可这只能是一种美好的幻想。人不可能不做错事，不可能不走弯路。做了错事，走了弯路之后，谴责自己是很正常的，这是一种自我反省，是改正的前奏曲，正因为有了这种积极的谴责，我们才会在以后的人生之路上走得更好、更稳。但是，如果你因此一蹶不振，自暴自弃，那么这种做法就是愚人之举了。

过去的已经过去，不要为打翻的牛奶而哭泣！

在人生的路上，有一条路每个人非走不可，那就是年轻时候的弯路。不摔跟头，不碰壁，不碰个头破血流，怎能炼出钢筋铁骨，怎能长大呢？

我们总是喜欢看别人的经验，看别人如何才能不走弯路。这是一个好习惯，同时也是迷茫的根源。为了不走弯路，我们阅览群书，结果却陷入了似乎什么都懂又似乎什么都不懂的迷茫境地。缺少了实践的基础，一切都好像是在虚无缥缈中。看书的时候以为自己无所不能，可到了现实生活中却又不知道该先迈哪只脚了。

经验可以给我们很大的帮助，但事物是不断变化的。这就要求我们具体问题具体分析，大胆突破不用大脑、东施效颦式的经验模仿，而选择在模仿经验的时候发挥自己的创造力。一个人如果没有创新精神，事事模仿别人，就无法充分发挥自己的创造力，更不能激发自己身上独特的潜质。

小马要过河，妈妈不在身边，它问在河边吃草的老牛："牛伯伯，请您告诉我，这条河，我能过去吗？"老牛说："水很浅，刚没小腿，能过去。"小马听了老牛的话，立刻跑到河边，准备过去。突然从树上跳下一只松鼠，拦住它大叫："小马！别过河，别过河，河水会淹死你的！"小马吃惊地问："水很深吗？"松鼠认真地说："当然啦！昨天，我的一个伙伴就掉在这条河里淹死了！"小马连忙收住脚步，不知道怎么办好。它只好回去问妈妈。妈妈说："那条河不是很浅吗？"小马说："是呀！牛伯伯也这么说。可是松鼠说河水很深，还淹死过他的伙伴呢。"妈妈说："那么到底是深还是浅？你仔细想过他们的话吗？"小马低下了头，说："没……没想过。"妈妈亲切地对小马说："孩子，光听别人说，自己不动脑筋，不去试试，是不行的，你去试一试，就会明白了。"

小马跑到河边，试着往前蹚……原来河水既不像老牛说的那样浅，也不像松鼠说的那样深。他顺利地过了河，把麦子送到了磨坊。

同一条河流，老牛觉得它是没不过膝盖的小溪，松鼠觉得它是深不可测的天险，而小马却觉得它不深不浅刚刚好。很多时候，别人说的也许是真理，但是不一定适合自己，非要自己尝试过了，才会知道自己该怎样做。很多东西，非要亲自体验了，摔跟头了，才会刻骨铭心地记得，才会变得更聪明。在父母怀里长大的孩子，一般都会有些幼稚和晚熟。而那些离开父母保护的孩子，则会在孤独和不断的摔跤中迅速长大，并在各项素质上远远地超越同龄人。

成长，其实就是一个走弯路的过程。非要经历阵痛，才能慢慢长大。正如陆游所说，"纸上得来终觉浅，绝知此事要躬行"。一个孩子，父母再怎么给他讲解示范如何走路，可是如果他不亲自学着下地走路，不经过摔跤，又怎么能学会走路呢？别人的经验不经过实践始终都是大脑里虚无缥缈的概念，没有脚踏实地亲自验证的经验等于没有经验。人生中的一些弯路是必需的，因为它会不断地使人在亲身感受中获得真实的力量和进步。

敢于走在人先，才能赢在人前

我们生活在一个充满经验的世界里，从小到大，我们看到的、听到的、感受到的、亲身经历过的各种各样的大小事件和现象，都成了我们人生的智慧和资本。常常听到有人说，"我吃的盐比你吃的米多""我过的桥比你走的路多"，可见人们常以经验丰富而自豪。

在一般情况下，经验可以帮助我们处理日常问题，只要具有某一方面的经验，那么在应付这一方面的问题时就能得心应手。特别是一些技术和管理方面的工作，非要有丰富的经验不可。老司机比新司机能更好地应付各种路况，老会计比新会计能更熟练地处理复杂的账目。所以，很多时候，经验成了我们行动所依靠的拐杖。但经验不是放之四海而皆准的真理，经验也给我们带来了不少沉痛的教训，因为经验是相对稳定保守的东西，是属于过去式的"历史"，而现实却是一直在不断变化发展的，所以经验并不一定能解决当前的问题。

在酒吧间，甲、乙两人站在柜台前打赌，甲对乙说："我和你赌100元钱，我能够咬我自己左边的眼睛。"乙同意跟他打赌。于是，甲就把左眼中的玻璃眼珠拿了出来，放到嘴里咬给乙看，乙只得认输。

"别泄气，"提出打赌的甲说，"我给你个机会，我们再赌100元钱，我还能用我的牙齿咬我的右眼。"

"他的右眼肯定是真的。"乙仔细观察了甲的右眼后，又将钱放到了柜台上。可结果，乙又输了。原来甲从嘴里将假牙拿了出来，咬到了自己的右眼！

乙为什么又输了呢？因为第一次的失败告诉他：甲的左眼是假的，所以能拿下来用嘴咬。吸取了第一次的经验教训后，他确定甲的右眼绝对不是假眼，不可能被牙咬到，才和甲继续打赌。他万万没想到，甲的右眼虽然不是假眼，甲却有一口假牙。乙输就输在经验造成的思维定式中，所以，经验也会"一叶障目"。

经验本身没有错，它是一笔宝贵财富，对我们来说有很大的指导意义。但我们要在合适的时机用好经验，因为一旦经验形成思维定式，就会变成一种枷锁，妨碍我们打开新思路，寻找新方法，长此以往，就会削弱我们的创新力。

经验告诉我们的只是过去成功或失败的过程，而不是未来如何成功的方法。千万不要以为在人生这个广袤的大海里，只能抱着那些曾经的经验，在祖辈开辟的领海中游弋。

日常生活中，太多习以为常、耳熟能详、理所当然的事物充斥在我们的身边，逐渐使我们失去了对事物的热情和新鲜感，经验成了我们判断事物的"金科玉律"。随着知识的积累、经验的丰富，这些"金科玉律"使我们越来越循规蹈矩，越来越老成持重，致使我们的创意被抹杀，无法获得突破性进展，无法成为富于开拓进取精神的人。

其实，每个人都会受"金科玉律"的限制，若能及时从中走出来，实在是一种可贵的醒悟。与生俱来的独一无二的创造态度，勇于进取，绝不自损、自贬，在学习、生活中勇于独立思考，在职业生活中精于自主创新，正是能够从自我囚禁的"栅栏"里走出来的鲜明标志。

另外，要从自囚的"栅栏"里走出来，就要还思维状态以自由，突破经验定式。在此基础上，对日常生活保持开放的、积极的心态，对创新世界的人与事持平视的、平等的姿态，对创造活动持成败皆为收获、过程才最重要的态度，这样，我们将有望形成十分有利于开创新人生的心理品质，并使得有可能产生的形形色色的内在消极因素及时地得以克服。

摆脱经验定式就要求我们要拓展思路，海阔天空，束缚越少越好。尤其在今天这个信息爆炸、瞬息万变的时代里，过去的经验往往就是未来失败的最大原因。从某种意义上来看，经验是一种指导我们"只能怎样怎样""绝不应怎样怎样"的行动手册，对很多人来说，经验就成了无法跳出的框框。

成长路上，我们拓展思路，海阔天空，最好没有束缚。正是因为如此，年轻人的"经验少"并不是一种缺点，有时反而是一种优势，是"敢闯敢干"的代名词。所以，我们不要笃信"经验之谈"，因为迷信经验将束缚住我们行动的手脚。要有初生牛犊不怕虎的勇气和精神，用好"敢干敢闯"的精神，牛犊也能闯出一片新天地。

能忍非常痛之人，才能成非常事

困境好比是一片苦海，对于一筹莫展，只会叹息的人来说，这片苦海是没有边际的，而对那些勇敢地航行的勇士来说它又是一笔财富。而做成的事业是神奇的。只要坚韧依然在坚守阵地，依靠坚韧，终能克服许多困难，甚至最后做成许多原本已经不敢企及的事情。把困境当作一种历练，它会助你成长。

亨利的父亲过世了，他还有一个两岁大的妹妹，母亲为了这个家整日操劳，但是赚的钱难以让这个家的每个人都填饱肚子。看着母亲日渐憔悴的样子，亨利决定帮妈妈赚钱养家，因为他已经长大了，应该为这个家贡献一份自己的力量了。

一天，他帮助一位先生找到了丢失的笔记本，那位先生为了答谢他，给了他1美元。亨利用这1美元买了3把鞋刷和1盒鞋油，还自己动手做了个木头箱子。带着这些工具，他来到了街上，当他看见一位先生的皮鞋上全是灰尘的时候，就对那位先生说："先生，我想您的鞋需要擦油了，让我来为您效劳吧？"他对所有的人都是那样有礼貌，语气是那么真诚，以至于每一个听他说话的人都愿意让这样一个懂礼貌的孩子为自己的鞋擦油。

就这样，第一天他就挣到了50美分，他用这些钱买了一些食品。他知道，从此以后家里每一个人都不需要再挨饿了，母亲也不用像以前那样操劳了，这是他能办到的。当母亲看到他背着擦鞋箱，带回来食品的时候，流下了高兴的泪水。"你真的长大了，亨利。我不能赚足够的钱让你们过得更好，但是我现在相信我们将来可以过得更好。"妈妈说。就这样，亨利白天工作，晚上去学校上课。他赚的钱不仅为自己交了学费，还足够维持母亲和小妹妹的生活了。

其实，生活中有许多人与亨利一样，有着不幸的遭遇，但是很多人却被环境的困难和阻碍击倒了。然而，有许多人，因为一生中没有多少同"阻碍"博斗的机会，又没有充分的"困难"足以激发内在的潜伏能力，于是默默无闻，真是可惜。阻碍不是我们的仇敌，而是恩人，它能锻炼起我们"战胜阻碍"的种种能力。森林中的大树，如果不曾同暴风骤雨博斗过千百回，树干就不能长得十分结实。同样，人不遭遇种种阻碍，他的人格、本领是不会得到提高的，所以一切的磨难、忧苦与悲哀，都是足以锻炼我们的。

缺乏坚韧与自信的人，在遇到困难时，常使自己陷于悲观与沉沦，他们往往干不成大事，也得不到别人的依赖与敬佩。唯有那些有坚定的决心、有十足忍耐力的人，才能创造一切，为他人所敬佩。对于缺乏坚韧与自信的人来讲，这个世上他们几乎找不到自己的位置，而那些意志坚定的人能够战胜任何困难，世界反会替他们开辟道路。保有一颗坚韧的心，坚持自己的意志，并发挥自己的天赋，便会获得成功。

有成就的人，他们成功大部分是因为苦难激发了他们的潜能。深陷困境，反而成了一种出乎意料的助力，促使他们加倍地努力而得到更多的报酬。正所谓："苦难对我们有意外的帮助。"

如果柴可夫斯基的婚姻不是那么悲惨，逼得他几乎要自杀，他可能难以创作出不朽的《悲怆交响曲》；陀思妥耶夫斯基如果不是饱受生活的折磨，可能永远写不出不朽的文学巨著；达尔文，这位改变人类科学观点的科学家说，如果他不是那么"无能"，他就不可能完成所有这些需要辛勤努力完成的工作。坚毅的人总会成功。有一次，世界著名的小提琴家奥勒·布尔在巴黎音乐会上演奏小提琴，忽然，小提琴有根弦断了，但他仍旧面不改色地用剩余的三根弦奏完全曲。佛斯迪科说，这就是人生，断了一根弦，你还能用剩下的三根弦继续演奏。难道凡此种种仅仅是一种简单的生存吗？当然不是，这是一种超越，是生命的凯歌，是生命的飞跃，而这些都源于一种令人称道的生活状态，那就是坚韧地活着！

一个大无畏的人，愈为环境所困，反而愈加奋勇，不战栗，不逡巡，胸膛挺直，意志坚定，敢于对付任何困难，轻视任何厄运，嘲笑任何阻碍。因为忧患、困苦不损他分毫，反可以加强他的意志、力量与品格，而使他成为人上之人——这才是世间最可敬佩、最可羡慕的一种人物。困难和阻碍不能阻挡这种人成为强者！

你若得过且过，哪有来日方长

人的一生要度过许多的"今天"，可以说，这样的每一天都是组成人生的基本构件。然而看似简单的人生却常常会在迷惑中度过。尤其是对于那些认真工作的人来说，这样的迷惑或许就更深些。他们会思考自己究竟为了什么去从事这项职业，不断思索劳动的目的，思考工作的意义。也许越是苦苦思索，越是不得其解。

就连日本"经营四圣"之一的稻盛和夫先生也曾深陷在这个谜题之中。

当时他的同龄人，有人赴美留学，拿着丰厚的奖学金；有人在知名的大企业，用最先进的设备进行最尖端的实验；而稻盛却在一个濒临倒闭的企业里，日复一日地用简陋的设备做着混合原料粉末的工作。

他不时会冒出这样的想法：一直做如此单调的工作，又能搞出什么科研成果来呢？自己的人生将来又会是怎样一番情形呢？

每当他想到这些，就不禁觉得前途无望，消极落寞。

也许一般人解决问题的方法是和自己说：要有远见，向未来看吧。也就是说，不要将自己的目光停留在眼皮底下，而要从长远的角度展开自己的人生蓝图，眼前的工作只是这长期规划中的一个环节。

然而稻盛最终采用了一种与之相反的看法。他从短期着眼，不再痴想无济于事的远景，而只是留神眼下的事情，摆正自己对工作的态度。

他给自己定下规矩：今日事今日毕，今天的目标今天一定要完成。工作目标以天为单位拆分，然后切实完成。

在每一个"今天"中，前进是最低要求，无论这一步是大是小，总要向前推进。

同时，要反思今天的工作，以便为明天总结出一点经验或教训。为了达到目标，不管天气多么恶劣，不管境遇多么艰难，稻盛都全神贯注，全力以赴。一天，一个月，一年，五年，十年，他始终锲而不舍。直到今天，他取得了当初根本无法想象的成就。

就这样，奔着"今天"的目标去，让每一个"今天"都没有虚度的遗憾，每天获得积累。今天比昨天好，明天又比今天好。将"今天"作为"生活的单位"，天天精神百倍，日复一日，拼命工作，以这种踏实的步伐，就能走上人生的正道。

所谓未来是每一个"今天"的累积。因此稻盛和夫主张人们在建立未来的目标时，要设定高于自己能力的目标，然后不遗余力地工作，去实现这个目标。

哪怕每天只有一点点进步，也要想尽方法提高自己的能力，以便在"未来这个时点"实现既定的目标。如果只用自己现今的能力来判断能不能做，那么，就没有挑战新事业或者实现更高的目标的可能性。人的能力像黄金一样，有着良好的延展性。基于对这一点的坚信，面向未来，去描绘自己理想的人生。

"不积跬步，无以至千里"。不要小看每一天的成长，相信只要坚持努力，就能迎来比昨天更好的今天，就能创造比今天还好的明天。

从小步开始，增加"走出大步"的可能

1983 年，伯森·汉姆徒手攀壁，登上纽约的帝国大厦，在创造了吉尼斯纪录的同时，也赢得了"蜘蛛人"的称号。美国恐高症康复协会得知这一消息，致电"蜘蛛人"汉姆，打算聘请他做康复协会的心理顾问，因为在美国有 8 万多人患有恐高症。

伯森·汉姆接到聘书，打电话给协会主席诺曼斯，让他查一查第 1024 号会员。这位会员很快被查了出来，他的名字叫伯森·汉姆。原来他们要聘作顾问的这位"蜘蛛人"，本身就是一位恐高症患者。

诺曼斯对此大为惊讶。一个站在一楼阳台上都心跳加速的人，竟然能徒手攀上 400 多米高的大楼，这确实是件令人费解的事，他决定亲自拜访一下伯森·汉姆。

诺曼斯来到费城郊外的伯森住所。这儿正在举行一个庆祝会，十几名记者正围着一位老太太拍照采访。原来伯森·汉姆 94 岁的曾祖母听说汉姆创造了吉尼斯纪录，特意从 100 公里外的葛拉斯堡罗徒步赶来，她想以这一行动为汉姆的纪录添彩。谁知这一异想天开的想法，无意间创造了一个耄耋老人徒步百里的世界纪录。

《纽约时报》的一位记者问她："当你打算徒步而来的时候，你是否因为年龄关系而动摇过？"老太太笑着说："小伙子，打算一口气跑 100 公里也许需要勇气，但是走一步路是不需要勇气的，只要你走一步，接着再走一步，然后一步再一步，100 公里也就走完了。"

恐高症康复协会主席诺曼斯站在一旁，一下明白了伯森·汉姆登上帝国大厦的奥秘，原来他只需要一步一步往上爬就可以了。

伯森·汉姆患有恐高症却能登上帝国大厦，也许这看起来不可思议，但生活往往就是这样：只要每次前进一点，持续不断地努力，终有一天能够达到目的。

成功与不成功之间的距离，并不像大多数人想象的那样是一道巨大的鸿沟。成功与不成功之间的差别只在一些小小的动作：每天花10分钟阅读、多打一个电话、多努力一点、多一个微笑、演出时多费一点心思、多做一些研究，或在实验室中多试验一次。伟大的哲学家冯·哈耶克告诫道："如果我们多设定一些有限定的目标，多一分耐心，多一点谦恭，那么，我们事实上倒能够进步得更快且事半功倍；如果我们自以为是地坚信我们这一代人具有超越一切的智能及洞察力并以此为傲，那么我们就会反其道而行之，事倍功半。"

纽约的一家公司被一家法国公司兼并了，在兼并合同签订的当天，公司新的总裁就宣布："我们不会随意裁员，但如果你的法语太差，导致无法和其他员工交流，那么，我们不得不请你离开。这个周末我们将进行一次法语考试，只有考试及格的人才能继续在这里工作。"散会后，几乎所有人都去了图书馆，他们这时才意识到要赶快补习法语了。只有查宁像平常一样直接回家了，同事们都认为他已经准备放弃这份工作了。令所有人都想不到的是，当考试结果出来后，这个在大家眼中肯定是没有希望的人却考了最高分。

原来，查宁在大学毕业来到这家公司之后，就已经认识到自己身上有许多不足，从那时起，他就有意识地开始提升自身能力。虽然工作很繁忙，但他坚持每天提高自己。作为一个销售部的普通员工，他看到公司的法国客户有很多，但自己不会法语，每次与客户的往来邮件与合同文本都要公司的翻译帮忙，有时翻译不在或兼顾不上的时候，自己的工作就要被迫停顿。因此，他早早就开始自学法语了。同时，为了在和客户沟通时能把公司产品的特点介绍得更详细，他还向技术部和产品开发部的同事们学习相关的技术知识。

这些准备都是需要时间的，他是如何解决学习与工作之间的矛盾的呢？他是这样说的："只要每天记住 10 个法语单词，一年下来我就会 3600 多个单词了。同样，我只要每天学会一个技术方面的小问题，用不了多长时间，我就能掌握大量的技术了。"

查宁能够从容应对变化的形势，靠的就是每天学习一点点，每天进步一点点。成功就是简单的事情重复去做。一个人，如果能每天进步一点点，哪怕是 1% 的进步，试想，有什么能阻挡得住他最终的成功？每天进步一点点，虽然只有一点点，可是你仍在进步，仍在前进，怕就怕止步不前，这样你永远都成功不了。成功与失败往往只差这么一点点，每天多做一点点，慢慢地，你会发现自己离金字塔顶已经不远了。

《礼记·大学》中有句话："苟日新，日日新，又日新。"老子在《道德经》中说："合抱之木，生于毫末；九层之台，起于累土；千里之行，始于足下。"这些都说明了一个道理：量变积累到一定程度就会发生质变。一个人，只要坚持每天进步一点点，终有到达成功的那一天。

先改变自己的态度，才能改变人生的高度

蹒躇满志、春风得意是人人都向往的人生境界。但得意者绝对不能忘形，而应保持平易谦和的姿态，只有这样，才能得到更大的收益，获得更大的成功。

老子曾经告诫世人："不自见，故明；不自是，故彰；不自伐，故有功；不自矜，故长。"这句话的大意是，一个人不自我表现，所以明智；一个人不自以为是，所以彰显；一个人不自夸，所以有功；一个人不自负，所以长久。骄傲并不是自尊或自信，而是过度的自我意识使然。有一位哲学家说："一个人若种植信心，他会收获品德。"一个人若种下骄傲的种子，他将很难再自我提升，曾经的成功就会成为他前进的绊脚石，甚至会令他走上万劫不复的深渊。

在 20 世纪 60 年代的小学课本上，选有《狮子和蚊子》这样一篇寓言，讲的是狮子与蚊子间的一场大战。按能力来说，蚊子与狮子无法相比，但在实战中蚊子却胜利了。因为狮子捕不到它，它却在狮子的眼睛上、耳朵上叮得都是"包"，使狮子有力

使不上，最后把自己抓得头破血流，只得认输。蚊子有了战胜狮子的辉煌战绩，的确风光。于是它得意忘形，到处炫耀，最后一不小心，撞到蜘蛛网上，成了蜘蛛的美餐。

这里叙述的是动物，实则以动物喻人，讲的是人的行为。有一些人常常因为得意忘形，最后失败。

当你被上司提升或嘉奖的时候，常常会自鸣得意吗？如果是，那你就要好好学一番涵养功夫，把你那因升迁而引起的过度兴奋压平才好。你可能已经拟订了一个非常严谨的人生奋斗计划，有些目标可能是很完善和可赞赏的。但在你没有达到这些目标之前，中途的一些升迁可以说是微乎其微的小事。也许你在施行一个计划时，一着手就大受他人夸奖，但你必须对他们的夸奖一笑置之，仍旧埋头苦干，直到隐藏在心中的大目标完成为止。那时人家对你的赞叹，将远非起初的夸奖所能比拟。

反之，如果你稍有成绩便沉不住气，骄傲自大，自以为是，你就会在自己与外界之间树起一道无形的"城墙"，你会看不到别人的闪光点，自以为是，止步不前。另一方面，居功自傲也是职场大忌，一个骄傲自满的人，将不容易听取他人的意见，故步自封、唯我独尊，这样将势必引起同事和上司的反感，甚至可能因此被开除。

岸信一雄曾为伊藤洋货行立下汗马功劳，但他有一个致命的弱点，就是喜欢自诩，居功自傲，目中无人。当岸信一雄由东食公司跳槽到伊藤洋货行时，由于东食公司是一家食品公司，所以，对食品的经营颇有心得的岸信一雄的到来，无疑为伊藤洋货行注入了一股活力。十多年的时间里，他为公司做出了巨大的成绩。正因为如此，岸信一雄开始放松自己，他开始在一些经营观念上与公司老板伊藤雅俊产生分歧；在人际关系方面，岸信一雄也开始变得放肆起来。

伊藤雅俊提醒过岸信一雄，希望他能够收敛一点，但是岸信一雄不屑一顾，依然我行我素，他坚持说："你没有看到我的业绩一直在上升吗？为什么一定要改变呢？"

岸信一雄的表现令伊藤雅俊非常失望，他只能忍痛做出解聘岸信一雄的决定。岸信一雄因为居功自傲导致骄傲放任，最终被老板"炒鱿鱼"。

每个组织或者每个部门中都有或多或少的"战略性工蜂"，要么是技术能手，要么是业务骨干，要么是管理精英，很受上司器重，有些人也因此而飘飘然起来，见到其他职员常常鼻孔朝天，敷衍了事，爱理不理。这是人性的弱点，也是职场的大忌，这样只会令别人疏远你。这些高傲的职场红人们忽略了一点：世界上的一切都在发展变化之中，你再有能耐，也只能够证明你的过去和现在。强中自有强中手，说不定哪天就来了个更加能干的职员，说不定哪个曾经被你深深刺痛的职员就不知不觉迎头赶上、超过甚至替代了你。记住那句老话，"骄傲使人落后，谦虚使人进步"，在平时的工作中，千万不要自以为是，唯有不断超越自己，你才有笑傲职场的资本。

所谓"成功常在辛苦日，败事多因得意时"。骄傲是一把利剑，有多少人因为自己的傲慢、一意孤行，而最终败走麦城。面对自己所取得的成绩应该自豪，但不能被这些成绩冲昏头脑，以致最后一败涂地。

在这个世界上，谁都在为自己的成功拼搏，都想站在成功的巅峰上。但是成功的路只有一条，那就是放低心态，不断学习。在通往成功的路上，人们都行色匆匆，有许多人就是在稍一回首，品味成就的时候被别人超越了。因此，有位成功人士的话很值得借鉴："成功的路上没有止境，但永远存在险境；没有满足，却永远存在不足。在成功路上立足的最基本的要点就是：'学习，学习，再学习。'"只有得意时仍不忘形，不断超越自己，才有长足的发展。

第二章

说『我想』的下一秒，
你得有底气说『我能』

不是你不行，是你禁锢了自己的潜能

　　每个人都蕴藏着巨大的潜能，有些人对此并不相信。这种"自知之明"是非常不积极的，虽然我们谁也不真正了解我们究竟有多大的力量。在这儿，我们引用一个国外的实验，让你感受一下潜能的巨大力量：

　　将一个普通人催眠，然后把他的头和脚搁在两只椅子的边上，让身体悬空。这时让六七个人站在他的身上，他竟然可以支持得住。后来在他的身上搁了一块木板，让一匹马站上去，他竟然还能支持得住。按照常理来说，一个普通人的体力绝不能支持一千多磅的重量，但是在催眠状态下，他竟然毫发无损而且轻轻松松地做到了。

　　这力量不是凭空而来的，也完全没有借助外力或者兴奋剂之类的药品，是的的确确来自于他的身体内部，这便是潜伏在他身体里面的巨大的潜能。如果这个人在正常情况下，要承受这种"压力"，别说悬空，就算是平躺在地上恐怕也被压致重伤。人的身体就是一个宝库，在每个人的身体里面，都潜伏着巨大的潜能。只要你能够发现并善加利用这种力量，便可以成就你的人生。要打开这个宝库，先要相信有这么一个宝库。

著名心理学家罗森塔尔应邀到一所普通的学校听课。在看完班上所有学生的表现之后，班主任问罗森塔尔："先生，您能不能挑出班上最有前途的学生？""当然可以。"罗森塔尔爽快地答应了。话音刚落，罗森塔尔就毫不迟疑地用手指着一个学生说："这个最有前途的学生就是你！"被指到的学生眼睛一亮，顿时神采飞扬，兴奋之情溢于言表。放学后立刻飞奔回家告诉父母："爸爸妈妈，告诉你们一个好消息，心理学家说我是最有前途的学生！"母亲听完孩子的话后，欣喜若狂，仿佛孩子一下子变成了天才，更重要的是这位孩子自己也认为自己是天才。从此，这个孩子不断受到同学的羡慕、老师的关怀、家长的夸奖，他找到了天才的感觉，成绩不断提高，智力水平也有很大提高。一年后，罗森塔尔再次访问该校，问道："那个孩子的情况现在怎么样？"班主任回答："好极了！"接着她又向罗森塔尔请教："先生，我感到很惊讶，您来之前他只是一个普普通通的学生，可经您一说，马上就变了。请问您的眼力为什么这么厉害，能够判断得如此准确？"罗森塔尔微笑着说："因为每一个孩子都是天才，他们缺少的只是自信而已！"

　　是的，我们每个人身上都蕴藏着巨大的潜能，每个人都有成为天才的可能。有信心的人，可以化渺小为伟大，化平庸为神奇。但很可惜的是，我们很多人对自身的潜能置之不理，总是想借助外界的力量来完成自己的愿望，甚至寄希望于神灵，实在有些舍本逐末的意味。

"恃人不如自恃也"，依靠别人不如依靠自己。下面这个故事就生动形象地说明了这个道理。

大雨天，一个路人在屋檐下避雨。这时候，他看见观音菩萨正打着雨伞从面前经过。于是向菩萨求道："大慈大悲、普度众生的观音菩萨，请带我一程吧，把我从淋雨之苦中解救出来。"观音菩萨回答说："我在雨里，你在屋檐下，屋檐下淋不到雨的你不需要在雨中的我解救。"于是路人从屋檐下跳出来，站在雨中说："现在我也在雨中，请菩萨度度我吧。"观音菩萨回答说："你在雨中，我也在雨中。我没有淋雨是因为我有伞，你淋雨是因为你没有伞。所以不是我度的自己而是伞度的我，你要想从淋雨之苦中解脱出来，那就去找把伞吧。"说完就消失在雨中了。

第二天，这个路人碰到了一件棘手的事情，很难完成，就去庙里求神问佛。一进庙里，发现庙里的观音神像前已经有一个祷告者在祷告，跟观音菩萨一个模样。路人上前问道："你是观音菩萨吗？"祷告者回答："正是。"路人有些丈二和尚摸不着头脑："那你为什么自己拜自己？"观音菩萨笑道："我也遇到了难事，但我知道，求人不如求己。"路人听罢，怅然若失。

美国学者詹姆斯根据其研究成果说："普通人只发展了他蕴藏能力的1/10。与应当取得的成就相比，我们不过是在沉睡。我们只利用了我们身心资源的很小的一部分，甚至可以说一直在荒废。"很多人一遇到困难就去寻找外力的帮助，有些人甚至连寻求帮助也免了，直接就放弃。他们从来不相信自己有能力克服那些困难，从不想想自己拥有的潜在的力量，任其荒废。

放着自己身上巨大的潜能不去挖掘使用是一种极大的损失。试着相信自己，相信自己的身体内蕴藏着巨大的潜能，等待着你去发掘，一旦发掘成功，它将为你提供无穷的能量。如果能够唤醒这种潜在的巨大力量，就往往会出现奇迹。世界上有无数平凡的人，在这些人的体内同样有着巨大的潜能，只要能够激发他们体内的一小部分潜能，就可以成就他们伟大的、神奇的事业。

美国心理学家马斯洛指出："实际上绝大多数人都有可能比现实中的自己更伟大些，只是缺乏一种不懈努力的自信。"不懈努力的自信，是引爆自身强大潜能的导火线，可以促使我们创造更大的成就。

"能不能"在于你"信不信"

信仰使人拥有力量，信仰也使人失去力量。很多事情出现在我们面前，看似一副高不可攀的模样，其实并不是我们力不能及的。有时候能不能做到，也就是一念之间的事情。不相信能做到，那么也只有仰视慨叹的份儿；而你相信能做到的话，问题可能就会迎刃而解。

1796 年的德国哥廷根大学，有一个很有数学天赋的 19 岁青年在此攻读数学，每天他都会受到导师的特别照顾——完成计划外的 3 道数学题。一天，这位青年用过晚饭，开始做导师单独布置给他的那 3 道数学题。前两道题做起来稍显轻松，他在两个小时内就顺利完成了。但是第三题却让他感到很是棘手，第三道题被写在另一张小纸条上，要求只用圆规和一把没有刻度的直尺，画出一个正十七边形。他感到非常吃力，时间一分一秒地过去了，第三道题竟然毫无进展，找不到一点解题的头绪。这位青年绞尽脑汁，但遗憾的是，他发现自己学过的所有数学知识似乎对解开这道题都没有任何帮助。他没有退缩，困难反而激起了他的斗志。他发誓一定要把它做出来！他拿起圆规和直尺，一边思索一边在纸上画着，尝试着用一些超常规的思路去寻求答案。当窗口露出曙光时，青年长舒了一口气，他终于完成了这道难题。

见到导师，这位青年有些内疚和自责。他对导师说："您给我布置的第三道题，我竟然做了整整一个晚上才把它解出来，我辜负了您对我的期望和栽培……"导师接过青年的答题一看，当即惊呆了。他用因兴奋不已而颤抖的声音对青年说："这是你自己做出来的吗？"青年有些疑惑地看着导师，回答道："是我做的。但是，它花费了我整整一个晚上。"导师请他坐下，取出圆规和直尺，在书桌上铺开纸，让他当着自己的面再做一个正十七边形。

轻车熟路的青年这回很快就做好了一个正十七边形。导师激动地对他说："你知不知道，你解开了一桩有 2000 多年历史的数学难题！阿基米德没有解决，牛顿也没有解决，你竟然一个晚上就解出来了。你是一个真正的天才！"原来，导师也一直想解开这道难题。那天，他是因为失误才将写有这道题目的纸条交给了这位青年。歪打正着，这位导师还给对了人，这道悬了 2000 多年的数学难题也就从此解决了。每当这位青年回忆起这一幕时，总是说："如果当时有人告诉我，这是一道有 2000 多年历史的数学难题，我可能永远也没有信心将它解出来。"

这位青年就是数学王子高斯。

"如果当时有人告诉我，这是一道有 2000 多年历史的数学难题，我可能永远也没有信心将它解出来"，但事实证明，高斯是有能力完成这道数学难题的解答的。如果 19 岁的高斯一开始就知道并产生这样一个意识——阿基米德、牛顿都没有解决的难题，自己肯定更解答不出来，那么这道难题的破解很可能会被延后。高斯一开始的态度是相信自己一定能解答出来，是的，因为相信，才有可能做到。

有一次，拿破仑·希尔问 PMA（积极心态）成功之道训练班上的学员："你们有多少人觉得我们可以在 30 年内废除所有的监狱？"学员们显得很困惑，怀疑自己听错了。一阵沉默过后，拿破仑·希尔又重复一次："你们有多少人觉得我们可以在 30 年内废除所有的监狱？"确信拿破仑·希尔不是在开玩笑后，马上有人出来反驳："你的意思是要把那些杀人犯、抢劫犯以及强奸犯全部释放吗？你知道这会造成什么后果吗？那样我们就别想得到安宁了。不管怎样，一定要有监狱。""社会秩序将会被破坏。""某人生来就是坏坯子。""如有可能，还需要更多的监狱。"

拿破仑·希尔接着说："你们说了各种不能废除的理由。现在，我们来试着相信可以废除监狱。假设可以废除，我们该如何着手。"大家勉强把它当成试验，安静了一会儿，才有人犹豫地说："成立更多的青年活动中心可以减少犯罪事件的发生。"不久，这群在 10 分钟以前坚持反对意见的人，开始热心地参与讨论。"要清除贫穷，大部分的犯罪都源于低收入""要能辨认、疏导有犯罪倾向的人""借手术方法来治疗某些罪犯"……总共提出了18 种构想。

把不能做到变成相信能做到，就会有意想不到的收获。

即使无人喝彩，也要为自己点赞

我们每个人都有缺点，但我们应该从容地面对和努力地改正，而不是畏畏缩缩地躲在自卑情绪之下。因为躲并不能解决问题，这种自卑者往往是极为敏感的，别人不小心的碰触都会让其卑羞莫名。哪怕是别人的一个不经意的眼神或者是一句没有任何用意的话，自卑者都觉得是在对自己评头论足。

长期被自卑情绪笼罩的人，一方面感到自己处处不如别人，一方面又害怕别人瞧不起自己，逐渐形成了敏感多疑、胆小孤僻等不良的个性特征。

王璇毕业于某著名语言大学，大学期间的王璇是一个十分自信从容、开朗活泼的女孩，风风火火的她常常成为男生追逐的焦点。毕业后的王璇在一家大型的日本企业上班，上班后的王璇仿佛变了一个人似的，原先活泼可爱、整天嘻嘻哈哈的她不但变得羞羞答答，做起事来也变得畏首畏尾。说话和做事都显得特别不自信，和大学时简直判若两人。

每天上班王璇都会比往常提前两个小时起床，这并不是因为她有"生前何必久睡，死后自会长眠"的觉悟，她把这两个小时的时间全部用在穿衣打扮上了。之所以这么做，是因为她害怕自己打扮不好，遭到同事或上司的取笑。在工作中，她更是谨小慎微、战战兢兢的，做起事来如履薄冰，生怕出现什么差错。

原来到日本公司上班后，王璇发现日本人的服饰及举止显得十分高贵及严肃，让她觉得自己土气十足，上不了台面。这让她对自己的服装及饰物产生了深深的厌恶之情。第二天，她就跑到商场购物。可是，由于还没有发工资，她买不起那些名牌服装，只能悻悻地回来了。在公司的第一个月，王璇是低着头度过的。她不敢抬头看别人穿的正宗的名牌西服、名牌裙子，因为一看，她就会觉得自己很寒酸。那些日本女人或比她先进入这家公司的中国女人大多穿着一流的品牌服饰，而自己呢，竟然还是一副穷学生样。每当这样比较时，她便感到无地自容，她觉得自己就是混入天鹅群的丑小鸭，心里充满了自卑。

服饰还是小事，令王璇更觉得抬不起头来的，是她的同事们平时用的香水都是洋货。她们所到之处，处处飘香，而王璇自己用的却是一种廉价的香水。女人与女人之间，聊起来无非是生活上的琐碎小事，比如化妆品、首饰，等等。而关于这些，王璇几乎什么话也插不上。这样，她在同事中间就显得十分孤立，也十分羞惭。在工作中，王璇也觉得很不如意。由于刚走上工作岗位，她的工作效率不是很高，不能及时完成上司交给的任务，有时难免受到批评，这让王璇更加拘束和不安，甚至开始怀疑自己的能力。此外，王璇刚进公司的时候，她还要负责做清洁工作。看着同事们悠然自得地享用着她倒的开水，她就觉得自己与清洁工无异，这更加深了她的自卑意识。王璇陷入了一个自卑的恶性循环当中。

像王璇这样的自卑者，总是在意别人的眼光，总以为别人在对自己指指点点。所以总会有意地拿自己的缺点去跟别人的优点做比较，这种用自己的鸡蛋跟人家的石头较量的"精神"所产生的后果就是更加自卑。

每一个事物、每一个人都有其优势，都有其存在的价值。能看到别人的长处是好事情，但我们不应该妄自菲薄，我们要做的是仔细正视自己，发现自己的优点，并且相信自己。

一天晚上，一位名叫杰克的青年站在一条河边，面容很憔悴，神情非常沮丧。这天是他 30 岁生日，可看看一无所有、一无是处的自己，他不知道自己是否还有活下去的必要。杰克从小在福利院里长大，身材矮小，长相也不好，讲话又带着浓重的法国乡下口音，所以他一直很瞧不起自己，认为自己是一个既丑又笨的乡巴佬儿，连最普通的工作都不敢去应聘，没有工作，也没有家。就在杰克自哀自怜、徘徊于生死之间的时候，与他一起在福利院长大的好朋友汤姆兴冲冲地跑过来对他说："杰克，告诉你一个好消息！""好消息从来就不属于我。"杰克一脸悲戚。"不，我刚刚从收音机里听到一则消息，说拿破仑曾经丢失了一个孙子。播音员描述的相貌特征与你丝毫不差！""真的吗？我竟然是拿破仑的孙子？"杰克一下子精神大振。联想到爷爷曾经以矮小的身材指挥着千军万马，用带着泥土芳香的法语发出威严的命令，他顿感矮小的身材同样充满力量，法国乡下口音也带着几分高贵和威严。一想到这些，杰克顿时觉得很骄傲、很自豪。第二天一大早，杰克就满怀信心地到一家大公司应聘。20 年后，已成为一家大公司总裁的杰克，查证出自己并非拿破仑的孙子，但这早已不重要了。

身材矮小、长相不好，说起话来还很土气的杰克只看得到自身的这些不足，他为此感到非常自卑，连一份普通的工作都不敢去应聘，成功当然不会属于他。杰克找到自信后，全身仿佛充满力量，因此也就有了排除万难的决心。

一切勇敢的尝试和开拓创新都是建立在对自身情况比较了解并且自信的基础上的，有了自信才有去创造的勇气和行动。一个缺乏自信心的人，常常看不到自己的优势所在，就更不会想到用自身的优势去尝试某种事物。自信者的眼光总是放在自己的优势上，而自卑者总是把焦点聚集在自身的缺陷上。对于可怜的自卑者，我们只有"哀其不幸，怒其不争"。一个自卑者看不见自己的长处，也就谈不上发挥自己的优势，辜负上天赋予自身的才能是一种极大的浪费。成功是不会青睐这种自卑者的。

人海茫茫，活出自己的模样

自信是心灵的振奋剂，对我们来说是非常重要的一个品质。万物有长有消，我们不可能让自己的心灵永远保持振奋状态，心灵的振奋会随时间的流逝而渐渐消退。因此这时候，我们就有必要重新树立信心，为自己的心灵打上一针振奋剂。

狄青是北宋仁宗朝的一员大将，在一次平定叛乱的战役中，就策划了一场给临战的众将士"打针"的好戏。狄青十六岁代兄受过而充军，开始了他的行伍生涯。由于俊秀的脸庞不能够震慑住敌人，所以狄青每次出战都披头散发，戴着铜面具（北齐兰陵王高长恭也有过类似的经历）。狄青作战勇猛，所向披靡，人称

"面涅将军"。

1052年，广西少数民族首领侬智高起兵反宋，自称仁惠皇帝，四处招兵买马，攻城略地，一直打到广东。宋朝统治者十分恐慌，几次派兵征讨，均损兵折将，大败而归。就在举国骚动，满朝文武惶然无措之际，仅做了不到三个月枢密副使的狄青，自告奋勇，上表请行。宋仁宗十分高兴，任命他为宣徽南院使，宣抚荆湖南北路，经制盗贼事，并亲自在垂拱殿为狄青设宴饯行。

当时，宋军连吃败阵，军心动摇。为了鼓舞士气，让将士们重新找回必胜的信心，狄青下了一招妙棋。双手捧着一百枚铜钱的狄青跪在地上，向上天祷告："这次出兵，胜败难料，请允许我手拿百枚铜钱向您请愿。如果这次能够大胜而回，就让这些即将掷出去的铜钱，全部正面朝上。"左右将领听完面面相觑，这种情况出现的可能性微乎其微，如果不能全部正面朝上，会严重影响军心，于是就有人上前劝说。但狄青好像浑然没听见一般，把铜钱往地上一撒，诡异的事情出现了，所有铜钱全部正面朝上。全体将士顿时欢声雷动，一个个神色喜悦。接着狄青让人拿来一百支铁钉，将铜钱全部钉在地上，然后用青纱覆盖在上面，一切安排妥当之后，狄青向众将士说道："等到凯旋之时，再来答谢神明取回铜钱。"然后命令军队就此出发。

经过众将士的浴血奋战，很快平定了叛乱，在班师回朝经过旧地时，按照先前的约定，答谢神明取回铜钱。这时左右将士才得知事情的真相，原来那一百枚铜钱的两面都是正面。人问其故，狄青回答说：此去水恶山险，况且将士们因为之前的败仗导致士气低落，所以我就用了这么一个方法帮众将士找回信心。有了信心，将士们打起仗来自然个个奋勇向前。左右将领听后无不佩服狄青的足智多谋。

一个军队最重要的就是士气，哪方有士气，哪方的士气高，战争的最终胜利就属于哪方，必胜的信心就是士气的源头。人生也是如此，只要我们充满自信，鼓足士气，成功就会离我们不远。因此为了成功，即使我们身份卑微也不能自卑，我们要给自己一个相信自己的理由。

19世纪，在法国有一个穷困潦倒的青年为了寻求生计，从乡下流浪到巴黎。青年找到父亲的一位朋友，希望他能够帮自己找一份工作，以便自己能在这个大城市中站得住脚。他们在父亲朋友的家里见了面。一番寒暄之后，开始进入正题，父亲的朋友问他："年轻人，你有什么特长呢？精通数学吗？"这位青年有些尴尬地摇摇头。父亲的朋友又问："那历史或者地理怎么样？"青年还是不好意思地摇摇头，有点无奈。"那么法律或别的学科呢？"青年再一次窘迫地低下头。"会计怎么样？"面对父亲朋友的发问，这位青年默不作声，只能以摇头作答，似乎在无声地告诉对方：自己一无所长，一无是处，连一点儿优点也找不出来。

父亲的朋友并没有对这位青年失去耐心，他对青年说："那你先把自己的地址写下来吧，你是我老朋友的孩子，我总得帮你找一份差事做呀。"青年的脸涨得通红，羞愧地写下了自己的住址，就急忙想转身离开，离开这个令自己深感耻辱的地方。可是在他刚要走的时候，却被父亲的朋友叫住了，青年听到他说："你的字写得很漂亮嘛，这就是你的优点啊，你不该只满足找一份糊口的工作。"字写得好看也算一个优点？青年疑惑地看着父亲的朋友，但他很快就在父亲朋友的眼里看到了肯定的答案。

告别父亲的朋友，青年走在路上有些兴奋莫名，他浮想联翩：我能把字写得让人称赞，那我的字就是写得很漂亮了；能把字写得漂亮，我是不是也能把文章写得好看、引人入胜呢？受到初步肯定和鼓励的青年，充满了自信。他一边走一边想，兴奋得脚步都轻松起来。从此之后，这个青年开始发愤自学。数年后，这个原来沮丧失望的青年果然写出了享誉世界的经典之作，他成了一名非常杰出的作家——他就是家喻户晓的法国著名作家大仲马。他的小说《三个火枪手》和《基督山伯爵》流传至今，成为饮誉世界文学史的经典之作。

20多岁的男人可能像大仲马年轻时候一样，什么都不会，感觉自己一无所长、一无是处、一头雾水，然后在自卑中庸庸碌碌地过完一生。我们跟那些风光体面的成功者相差太远了，我们缺少资金，其他条件也比不上，但是这些并不是决定成败的关键因素，因为"成功与贫富无关"。我们与成功者相比，差别正在于我们缺乏自信。

当然，资金、人脉和其他优势条件会让人有自信，甚至是盛气凌人，但是我们也可以为自己找到自信。做到这个可以非常简单，简单到只需要一个简单的理由。也许这个简单的理由就是"我写的字很漂亮"。

先相信自己，别人才会相信你

拉罗什富科说："我们对自己抱有的信心，将使别人对我们萌生信心的绿芽。"

世界上没有任何两个人是完全相同的，大家都有各自的特点。对于别人身上的优点特质，我们可以仰慕和崇拜，但是我们绝对不能轻视和忽略了自身的长处；我们可以信任别人，相信他们有能力把事情做得出色，但首先我们最应该相信的人就是我们自己。对自己抱有信心，才能让别人相信我们。

一家公司的发展需要满足很多因素，资金周转就是一个非常重要的因素，所以获得银行的信用是非常关键的。只有资金周转顺畅，公司运行起来才会风生水起。

1918 年，24 岁的松下幸之助用仅有的 100 日元积蓄在日本大阪创立了一家电器制作所，这制作所里老板和员工总共就 3 个人，分别是松下幸之助和妻子以及松下幸之助的内弟。在外人眼里，松下幸之助他们要取得非常之成功似乎不可能，顶多只是小打小闹。但松下幸之助可不这么认为，他相信自己一定能开一个大公司。经过不懈的努力奋斗，松下电器接连推出了当时非常先进的配线器具、炮弹形电池灯以及电熨斗、无故障收音机、电子管等一个又一个成功的产品。7年之后，松下幸之助成了日本收入最高的人。财富的不断积累似乎已经意义不大，松下幸之助开始对今后的方向进行深入的思考。

1932年3月，一位朋友鼓励松下幸之助信教，松下说自己从不信教。那位朋友说："我过去也不信，但自从我了解宗教的价值之后，看到了自己从前处理人生诸事之谬误，也发现以前恼人之事离我而去，精神非常愉快，我的事业也随之兴旺起来。我愿与你分享信教之幸福。"虽然松下仍是婉言谢绝，但是朋友的诚挚与"掩饰不住的快乐"，却留给他深刻印象。10天之后，这位朋友再次来邀请，好奇心驱使松下幸之助接受了邀请，到该宗教的总部去参观。好友向松下介绍说，在制材所（制造木材的地方），每天都有大约100个义务工人，把全国各地方信徒捐献来的木材制造成柱子、天井、栋梁。每天有100个人来从事制材的工作，真有那么多的用途吗？松下幸之助有所怀疑，问道："主殿盖好了之后，制材所不是就没有用处了吗？"好友很有把握地说："松下先生，你不用担心，正在建设的房子盖好了以后，还会有其他的，每年都有建筑物要盖。我们必须扩大，绝对没有缩小之理。"松下幸之助听了非常钦佩，这种永远扩大的事业是企业家很难做到的。他们一走进制材所，就听到马达声和机械锯子锯断木材的声音。在轰隆轰隆的杂音里，在满地堆放的木材边，只见很多工人流着汗，认认真真地从事制材工作。那种态度，有一种独特的、严肃的味道，和一般木材制造厂的气氛截然不同。

如此宏大而又肃穆的场面令松下幸之助十分惊奇与感动，不由得再三询问自己：我们的敬业精神与他们的最大差别到底在哪里呢？回到家之后，松下幸之助仍然思绪不断。到了半夜，他还在继续思考着。松下幸之助突然想到：宗教是给予人们精神幸福的神圣事业，企业是给予人们物质幸福的神圣事业，二者缺一不可，因此我们的工作也是至高无上的伟大事业。悟到这一点后，松下幸之助激动不已，伟大的使命让他有了继续奋斗的强大动力。

1932 年 5 月 5 日，松下幸之助把全体员工集合在大阪中央电器俱乐部的礼堂，发表了松下公司历史上最重要的一次演讲："松下电器创业至今，可谓披荆斩棘，对产品下了很大的功夫，建立了物美价廉的销售政策。我们在宣传广告以及海报设计等方面，也有惊人的表现。这是各位都知道的。接着更进一步，建立了健全的代理店销售制度。我一直在忙碌中度日。松下电器现在已经有十几个工厂，虽然都是小工厂，但数量也很可观了。专利品也有 280 多件。最近研究人员增加不少，申请专利品每日平均十几件。在金融方面，获得了银行的信用，因此资金能顺利周转。到了今天，虽然是私人经营，但也已成为一个强大的工厂。"

别人对我们的信心是我们自己前进的动力，因为我们背负起了别人的信任，这是一种使命，多了使命感也就多了一份原动力。

自信，人生才能有幸

有一个墨西哥女人和丈夫、孩子一起移民美国，当他们抵达得州边界艾尔巴索城的时候，她丈夫不告而别，离她而去。留下她束手无策地面对两个嗷嗷待哺的孩子。22岁的她带着不懂事的孩子，饥寒交迫。虽然口袋里只剩下几块钱，她还是毅然地买下车票前往加州。在那里，她给一家墨西哥餐馆打工，从大半夜做到早晨6点钟，收入只有区区几块钱。然而她省吃俭用，努力储蓄，希望能做属于自己的工作。

后来她要自己开一家墨西哥小吃店，专卖墨西哥肉饼。有一天，她拿着辛苦攒下来的一笔钱，跑到银行向经理申请贷款，她说："我想买下一间房子，经营墨西哥小吃。如果你肯借给我几千块钱，那么我的愿望就能够实现。"一个陌生的外国女人，没有财产抵押，没有担保人，她自己也不知能否成功。但幸运的是，银行家佩服她的胆识，决定冒险资助……15年以后，这家小吃店扩展成为全美最大的墨西哥食品批发店。她就是拉梦娜·巴努宜洛斯，曾经担任过美国财政部部长。

这是一个平凡女人的自信带来的成功。自信使她白手起家寻求生路；自信给了她战胜厄运的勇气和胆量；自信也给她带来了聪明和智慧。任何人都会成功，只要你肯定自己，相信自己一定会成功，那么你将如愿以偿。

自信与胆量密切相关，自信可以产生勇气，同样，勇气也可以产生自信，而缺乏胆量或过分地自我批判就会削弱自信。

自信是成功人生的最初的驱动力，是人生的一种积极的态度和向上的激情。

同是享用一盘水果，有的人喜欢从最小最坏的吃起，把希望放在下一颗，感觉吃过的每一颗都是盘里最坏的，这盘水果就彻头彻尾成了一盘坏水果了。相反，有的人喜欢从最好最大的吃起，那么吃下去的每一颗都是盘里最好的，美好的感觉可以维持到最后。

这是一种奇妙的非逻辑性的感觉，充满心理错觉和心理暗示。

自信与自卑，也是如此。主动与被动仅一字之差，但生命情调却如同吃这盘水果，感觉悬隔万里。

同是阴雨天气。自信的人在灵魂上打开一扇天窗，让阳光洒在心里，由内而外透射出来，神采奕奕精力充沛，温暖让你感觉得到。自卑的人却在灵魂上打了一排小孔，让阴雨渗进去，潮湿的霉气散发出来，她站在阴暗的边缘，一不小心都看不出来。

同是看一个人，一个比自己优秀的人。自信的人懂得欣赏，并在欣赏的过程中充实自己，相信"我可以更好"；自卑的人萌生嫉妒，并在嫉妒的过程中不断丑化对方，让自己相信"原来我看错了"。

相隔并不遥远，就像在有雾的天气里近处的一盏路灯。灯光暗淡，光影模糊，感觉很有一段距离。然而等太阳出来，云雾散去，才发现原来那盏灯就在眼前。

这个时代充斥着浮躁的气息，自信在不经意间就成了一种奢侈。时下所谓的自信，多流于无知的轻率或任性的固执，或目空一切，或刚愎自用，或一意孤行。人们把目光短浅的狂妄叫作自信，却不在意其盲目。人们把阻言塞听的自负叫作自信，却不在意其狭隘。人们把掩耳盗铃的鲁莽叫作自信，却不在意其愚昧。自信仿佛成了点缀个性的奢侈品，体现性格的装饰物。其实，真正的自信是一种睿智，那是胸有成竹的镇静，是虚怀若谷的坦荡，是游刃有余的从容，是处乱不惊的凛然。

自信不是初生牛犊不怕虎的意气，也不是搬弄教条经验的冥顽。自信不是孤芳自赏，不是夜郎自大，也不是毫无根据的自以为是和盲目乐观。自信的魅力在于它永远闪耀着睿智之光。它是深沉而不浅表的，是一种有着智慧、勇气、毅力支撑的强大的人格力量。

真正自信者，必有深谋远虑的周详，有当机立断的魄力，有坚定不移的信念，有雍容大度的豁达。它蕴含在果决刚毅的眉宇之间，是夸父追日，生生不息。它潜藏在宽阔博大的襟怀之中，是高瞻远瞩，胸怀全局。它浮现在力挽狂澜的气势之上，是审时度势，取舍自如。

乐观的态度、自信的人生，是充实而又富有的，是另一种别样的财富，这种财富只有拥有了乐观自信的人才会拥有它。

相信自己，你将无所不能

为什么不多给自己一些信心呢？还是那句老话：成功从自信开始，自信是成功的基石。

一位中国留学生刚到加拿大的时候，为了寻找一份能够糊口的工作，他骑着一辆旧自行车沿着环加公路走了数日，替人放羊、割草、收庄稼、洗碗……只要给一口饭吃，他就会暂且停下疲惫的脚步。一天，在唐人街一家餐馆打工的他，看见报纸上刊出了加拿大电讯公司的招聘启事。留学生担心自己英语不地道，专业不对口，他就选择了线路监控员的职位去应聘。过五关斩六将，眼看他就要得到那年薪 3.5 万的职位了，不想招聘主管却出人意料地问他："你有车吗？你会开车吗？我们这份工作时常外出，没有车寸步难行。"

加拿大公民普遍拥有私家车，无车者寥若晨星，可这位留学生初来乍到还属无车族。为了争取这个极具诱惑力的工作，他不假思索地回答："有！会！"

"10 天后，开着你的车来上班。"主管说。

10 天之内要买车、学车谈何容易，但为了生存，留学生豁出去了。他在华人朋友那里借了 500 加元，从旧车市场买了一辆外表丑陋的"甲壳虫"。第一天他跟华人朋友学简单的驾驶技术；第二天在朋友屋后的那块大草坪上模拟练习；第三天歪歪斜斜地开着车上了公路；中间他通过了驾照考试，拿到了临时驾照；第四天他居然驾车去公司报了到。时至今日，他已是"加拿大电讯"的业务主管了。

吴士宏是我们耳熟能详的名人。在吴士宏走向成功的过程中，她初次去 IBM 面试那段最值得称道了。当时的她还只是个小护士，抱着个半导体学了一年半许国璋英语，就壮起胆子到 IBM 去应聘。

那是 1985 年，站在长城饭店的玻璃转门外，吴士宏足足用了五分钟的时间来观察别人怎么从容地步入这扇神奇的大门。两轮的笔试和一次口试，吴士宏都顺利通过了。面试进行得也很顺利。最后，主考官问她："你会不会打字？"

"会！"吴士宏条件反射般地说。

"那么你一分钟能打多少？"

"您的要求是多少？"

主考官说了一个数字，吴士宏马上承诺说可以。她环顾了四周，发现现场并没有打字机，果然考官说下次再考打字。

实际上，吴士宏从来没有摸过打字机。面试结束，她飞也似的跑了出去，找亲友借了170元买了一台打字机，没日没夜地敲打了一个星期，手疲乏得吃饭都拿不住筷子了，但她竟奇迹般地达到了考官说的那个专业水准。好几个月后她才还清了那笔债务，公司却一直没有考她的打字功夫。

吴士宏的成功经历告诉我们：自信是走向成功的第一步，当你用满腔的自信去迎接考验时，就相当于打响了走向成功的第一枪！

有些人平时会和身边的朋友亲人侃侃而谈，而往往遇到陌生的却很关键的场面就会变得很怯场，等于人为地为自己的成功之路设置了障碍。

美国一位职业指导专家认为，"21世纪人们首先应当学会的是充满自信地推荐自己的技能"。可见，在现代社会，面试过程中如何自信自如地把自己推荐给主考官是决定一生的大事。所以，每一个人都应当高度重视，记住：成功从自信开始，要想赢得一生的辉煌，就首先要满怀热诚地相信自己。

第三章

想要过得体面，
就别让自己那么敷衍

纵有疾风来，人生不言弃

很多人在树立目标之初，能够坚定不移地向着目标迈进，但是不久之后，他们或者遇到了无法避免的挫折，或者遇到了无法抵御的诱惑，于是在不知不觉中转移了注意力。此时，他们生命的航道开始偏离原来的目标，而且越走越远。

柏拉图说："成功的唯一秘诀，就是坚持到最后一分钟。"在很多时候，许多看似强大的人却脆弱得不堪一击，而那些似乎注定要失败的人反而创造了奇迹。这一差别的关键就在于，成功者能够坚持目标，埋头去做，不言放弃，一直到最后一分钟。

汤姆是一位来自美国俄亥俄州的拳击冠军，他曾经有过这样一段经历。

18 岁那年，汤姆的身高只有 159 厘米。那一年，他参加了一场非常激烈的比赛，他的对手是一位身材魁梧的黑人拳击选手，身高 179 厘米，最擅长的是左勾拳，而且连续三年蝉联俄亥俄州的拳击冠军。当时在人们看来，这位非常有实力的黑人选手必然会毫无悬念地赢得这场比赛。但是谁也没有想到，汤姆竟然赢得了这场看似实力对比悬殊的比赛，获得了冠军。

其实，比赛一开始，情形的确与人们预想的丝毫不差，年轻的汤姆在高大的黑人选手面前毫无还手之力，被打得浑身是血。在中场休息的时候，汤姆跟自己的教练吉比说："这场比赛对我来说，无疑是鸡蛋碰石头，我想退出比赛。"可是，吉比教练却不赞成他这样做。吉比教练说："不，汤姆，你能行。什么都不要想，只要你能够坚持到最后，你就一定会是胜利者。"

在接下来的比赛中，汤姆还是任由对方有力的拳头落在自己身上，发出空洞的响声。汤姆感觉到，他的灵魂似乎已经脱离了自己的身体。然而，汤姆仍然牢牢记住吉比教练的话："只要能够坚持到最后！"

很快，那位黑人对手因为不停地进攻消耗了太多体力，而汤姆的顽强坚持也使黑人对手产生了畏惧心理，此时汤姆抓住机会，开始反击。凭借着坚强的意志，汤姆一拳又一拳地击向对手，汗水和血水模糊了汤姆的双眼，他只有一个念头："一定要坚持到最后！"

终于，裁判举起了汤姆的手，吉比教练也跑过来抱着他又唱又跳。此时，汤姆才发现，自己胜利了，对手已倒在了赛场上。

在这场比赛中，汤姆看上去不具备成功的天资和才能，但是他凭借着惊人的毅力，顽强坚持，终于使自己的愿望变成了现实。

现实生活中，每一个渴求成功的人都应该做到：无论在何种情况下，都不要轻言放弃，一定要沉住气，坚持到最后一分钟。毅力是世界上最强大的力量，它会让人具备无穷的智慧和克服困难的能力，使人拥有一股百折不挠的强大力量，最终找到通向成功的道路。

做事不仅要"身入"，更要"心入"

做事不仅要有行动，更要能沉得下去，深得下去，全身心地投入才能够做好事，成大事。

成功需要一种"掘井及泉"的踏实精神。浮躁的人，即便坐下来，也是心猿意马，不求甚解，这样自然就无法做出成果。做事只有深入实际，才能发现问题；也只有深入实际，才能做出成果。然而浮躁者，往往只能"身入"而不能"心入"，就像井里的葫芦，看起来沉下去了，实际还浮在水面上。要把事做好，就要有一股一抓到底的狠劲儿和百折不挠的韧劲儿，不解决问题不罢休，不做出成果不撒手。

袁隆平被誉为"杂交水稻之父"，并于 2009 年被评选为新中国成立以来最具影响的劳动模范。是什么促成这位杂交水稻专家不断走向成功呢？可以说，严谨认真的工作态度是他得以成功的不可或缺的因素。

1953 年夏，袁隆平结束了大学学习生活，被分配到湖南省偏僻的安江农校任教，开始了他长达 19 个春秋的教学生涯。1954

年，他教普通植物学。他下苦功，从构成植物体的最小单位——细胞的构造开始，到根、茎、叶、花、果的外部形态，植物的生物学特性，及其遗传特性等等，进行系统的学习研究。为了在显微镜下观察细胞壁、细胞质、细胞核的微观构造，他苦练徒手切片技术。几百次，上千次，一直到能在显微镜下得到满意的观察结果为止。

在每次给学生备课的过程中，他经常提出各种问题自考自答。他走出课堂，来到田间地头，从实践中找答案。他深有体会地说："即使浅显的问题，如果教师本身钻得不深不透，也不可能讲好！"

杂交水稻的研制成功更是体现了他严谨治学的精神。因为水稻是雌雄同花的作物，难以一朵一朵地去掉雄花搞杂交。这样就需要培育出一个雄花不育的稻株，即雄性不育系，然后才能与其他品种杂交。这是一个未攻克的世界难题。袁隆平知难而进，他认为，雄性不育系的原始亲本，是一株自然突变的雄性不育株，也能天然存在。中国有众多的野生稻和栽培稻品种，一定蕴藏着丰富的种子资源。

于是，袁隆平迈开双腿，走进了水稻的莽莽绿海，去寻找这从未见过而且中外数据也从没报道过的水稻雄性不育株。时间一天天过去，袁隆平头顶烈日，脚踩烂泥，驼背弯腰地、一穗一穗地观察寻找。面对这几乎不可能完成的任务，袁隆平凭着严谨认真的工作态度，终于在第14天发现了一株雄花花药不开裂、性状奇特的植株。

在水稻研究方面，袁隆平的要求更是一丝不苟。跟随他40年的助手尹华奇举了个小例子：一个组合几粒种子如果要播成两排，怎么播呢？要是偶数好办，平均分布；如果是奇数，多出的一粒种子，袁隆平要求不可以放左边也不可以放右边，一定要在中间，以保证密度一致，缩小实验误差，达到实验结果的去伪存真。尹华奇说，袁老师不仅这么要求，还要检查。一年做一万多组，都要求极其严格。

到了20世纪70年代，中国通过对杂交水稻的成功研制，最终将水稻亩产从300公斤提高到了800公斤，并推广2.3亿多亩，增产200多亿公斤。这些成就不能不归功于袁隆平。

袁隆平院士为中国、为人类做出的巨大贡献，与他严谨治学的精神是分不开的。袁隆平身上所体现的，是一种严谨认真的工作态度和科学精神。他不仅一心扑在学科研究上，而且还深入田间地头，反复实验，身心并用，数十年如一日。在他身上我们看不出一点浮躁和马虎的影子。不信笔、不虚言，不纵情、不任性，忠于事实和资料；慎于旁骛，绝不苟免，勤于权衡，绝不偏执；板凳能坐十年冷，文章不写半句空。这位著名科学家达到了工作和治学的最高境界。我们也应当拒绝浮躁，学习袁隆平院士这种"身入""心入"的工作态度。

在必须奋斗的年纪，不要选择安逸

成功 =99%的汗水 +1%的灵感。

这是大发明家爱迪生告诉世人的成功公式，这位一生都在努力工作的"发明大王"，用 2000 多项发明向全世界做了诠释。

切实的努力是获得成功的最好捷径，当你问及每一位成功者的秘诀是什么时，他们都会有相同的一个答案：总是比别人更努力，并且千方百计地做到最好。人生中任何一种成功的获得，都始于勤并且成于勤，与其整日幻想、算计，不如扎扎实实地做出成绩，那么成功就会走向你。

阎若璩是清朝著名的考据学家。他从小口吃，理解力也很差。他 6 岁上学时，老师教过一篇课文，同学们读上几遍就能背诵，但阎若璩读了几百遍还背不下来，因此常常挨板子。阎若璩虽然经常受皮肉之苦，但是始终没有放弃努力。他相信只要自己比别人更用心、更勤奋，就一定能够赶上同学。晚上放学回家，吃过晚饭后，他就在灯下十遍百遍地读书，一定要把当天所学的课文背下来才睡觉。就这样，天赋较差的阎若璩不但赶上了同学，还慢慢地超过了他们。15 岁那年，阎若璩已经读了很多书。为了把读过的书彻底弄清楚，他对书中的疑难问题逐字逐句地进行考证注释，并用小字写在书的边上。凭借自己的勤奋和努力，他慢慢地摸索出一套考据学理论，成了一位非常有名的考据学家。

阎若璩的故事告诉我们：勤奋比聪明更重要。一个人只有真正投入进去，抛开名利得失，达到一种忘我甚至狂热的境界，才能有所作为。

现实生活中，我们都有梦想，都渴望成功，都想寻找一条捷径让自己平步青云。但捷径不是每个人都能找到的，只有用心做事、勤奋耕耘才是正道。

人生很难有永远的依靠，靠别人不如靠自己。在这个竞争激烈的社会里，不存在长期的保单，机遇留给有准备、有实力的人，沉住气，用自己勤劳的双手与聪明的大脑经营事业与人生，才是最有效的捷径。

很久以前，有个叫阿松的人，他的心愿是成为一个大富翁。阿松觉得成为富翁的捷径便是学会炼金术，于是他把全部的时间、精力都用于研究炼金术。几年后，他花光了自己的全部积蓄，家中变得一贫如洗，连饭都吃不上，但阿松还痴迷于炼金术的研究。

阿松的妻子跑回娘家诉苦。她父母决定帮助女婿改掉恶习，便让阿松前来相见。岳父母对阿松说："我们已经掌握了炼金术，只是现在还缺少一样炼金的东西。"

"快告诉我，还缺少什么？"阿松急切地问。

"我们需要十斤从香蕉叶下收集起来的白绒毛，这些白绒毛必须是你自己种植的香蕉树上的。等到收齐白绒毛后，我们就可以炼出金子来了。"

阿松回家后，立刻在已经抛荒多年的土地里种上了香蕉。为了尽快凑齐白绒毛，他除了种自己家以前就有的地外，还开垦了大量的荒地。当香蕉成熟后，他小心翼翼地从每片香蕉叶下收集白绒毛，而他的妻子和儿女则抬着一串串香蕉到市场上去卖。就这样，十年过去了，阿松终于收集到十斤白绒毛。

一天，阿松一脸兴奋地拿着白绒毛来到岳父母家里，请岳父母赶快炼金子。

岳父母指着院中的一间房子说："去把那边的房门打开看看吧！"

阿松打开那扇门，他看到房子里全是黄金，妻子和儿女都站在屋中。妻子告诉他，这些黄金都是他这十年里所种的香蕉换来的。面对着满屋金光闪闪的黄金，阿松恍然大悟。从此以后，他更加用心、勤奋地劳作，成了远近闻名的大富翁。

世界上哪有炼金术，真正能够炼出金子来的是自己勤劳的双手。阿松用十年的努力，不仅收获了一屋子的黄金，而且收获了"勤能补拙是良训，一分辛苦一分才"的道理。

有一位哲人曾说过："世界上能登上金字塔顶的生物只有两种：一种是鹰，一种是蜗牛。不管是天资奇佳的鹰，还是资质平庸的蜗牛，能登上塔尖，极目四望，俯视万里，都离不开两个字——勤奋。"缺少勤奋的精神，哪怕是天资奇佳的鹰也只能空振双翅；有了勤奋的精神，哪怕是行动迟缓的蜗牛也能雄踞塔顶。

天道酬勤。人生的收获不是上天的恩赐，也不是依靠幸运就能得到的，而是通过实实在在的努力所得。对于成功来说，环境、机遇、天赋、学识等因素固然重要，但更重要的是自身的勤奋与努力。一分耕耘，一分收获，投入更多的汗水，才能换来更大的收获；你付出得越多，你才越有可能成功。

不管情况多么糟糕，相信就能做到

很多时候，看似平凡的行为，却是我们成功的真谛。正如龟兔赛跑当中那只傻傻的乌龟，明知道以自己的速度根本赢不了健步如飞的兔子，可就是硬凭着一股子傻劲儿一步一步地"跑"在了兔子前面。我们小时候唱的儿歌《蜗牛和黄鹂鸟》，蜗牛背着重重的壳一步一步地往葡萄树上爬，黄鹂鸟嘲笑它："葡萄成熟还早得很呢，现在上来干什么？"蜗牛傻傻地答道："黄鹂鸟儿啊你不要笑，等我爬上去葡萄也就成熟了。"

我们身边一定有这样的例子。有的人认真学习能得到 80 分，有的人头脑聪明却不好好学，但也能拿到 60 分。后者说前者是

"只知道傻读书的呆子"，觉得自己"要是认真读书，拿100分也不在话下"。

可是，在实际工作和生活中，能取得成功并不是只凭聪明，那些天生愚笨却能凭着一股"傻劲儿"拼命努力，硬是克服困难，硬是战胜了挑战的人，也大都获得了成功。

2007年一部叫作《士兵突击》的电视剧占据了中国各大电视台的黄金强档，2007年有一个叫作"许三多"的士兵走进了人们的心田。《士兵突击》就是讲述这个叫作许三多的农家娃子是怎样用一股傻劲儿成长为兵王的故事。

许三多有很多外号，"许木木""许三呆"，因为所有接触过他的人，班长、连长、战友，都觉得这个人实在是太傻了。确实，许三多很傻，傻到连向后转都会拧着腿，傻到他的连长只拿他当半个兵看。

因为新兵训练表现不好，他被分到了五班。这个班在远离人烟的地方看守着重要管道，这个班被称为"孬兵的天堂"，这里都是即将退役的老兵，仅有几个人的五班每个人都做一天和尚撞一天钟，没有人再重视训练和纪律了。只有许三多，傻乎乎地不在乎战友的眼光，一个人在草原上踢正步，一个人坚持着早起、训练和打扫；因为班长老马的一句话，他就在驻地的空地上硬是用石头修成了一条路。正是这样的傻劲儿感动了团长，团长才让他进了响当当的钢七连。

在钢七连里，许三多并不招人待见，身为坦克兵的他竟然晕车，大大拖累了他所在的三班的成绩。为了治好他这个晕车的毛病，三班长史今建议他练习腹部绕杠。当时，腹部绕杠这样的技能是七连人人都会的，可是许三多却连单杠都爬不上去。在大家的帮助下，他终于能够做 27 个腹部绕杠了。后来，三班长为了改变连长对他"半个兵"的看法，让平时最多只能做 27 个腹部绕杠的他做 50 个。连长不相信这"半个兵"能战胜自己，答应只要他做到 50 个就把三班失去的"先进集体"还给他们。

就这样，许三多在单杠上如上了发条一样不停地绕着，早就超过 50 个了，班长告诉他，还差得远呢，他就继续做，一直做了 333 个，打破了全连的纪录！战友、班长都被他的意志打动了，连长也因此改变了对他的看法。

后来，他还凭着这股傻劲儿在改编后的钢七连坚守了半年的营房；凭着这股傻劲儿，在特种兵的训练演习中，他穿越一次又一次精心设计的圈套，经历一次又一次残忍的折磨，从高空跌下时还依然保持着战斗的状态。

许三多的傻劲儿，不是愚笨，而是一种坚持，是执着、是认真、是奋进、是乐观，用钢七连的话说就是"不抛弃，不放弃"。

许三多说，好好活就是做有意义的事，有意义的事就是好好活。让我们向这个一身傻劲儿的士兵学习吧，凭着一股傻劲儿和拼劲儿去战胜困难和挑战，赢得最精彩的人生。

人生是一个长长的大舞台，人人都有自己的角色，人人也都有自己的表演方式。天生有着好形象的演员固然能够得到一时的青睐，成为"偶像派"；但是如果想成为主角，想要在人生的舞台上演一出精彩的戏，无论你有没有天生的好条件，都必须用一种不达目的绝不止步的"傻劲儿"去提升自己的表演能力，将自己打造成一个"实力派"，只有这样才能不被命运这位导演赶到跑龙套的位置上。

人生没有标配，每一步都珍贵

《老子·德经六十四》里有一句话叫"慎终如始，则无败事"，意思是事情将结束时仍然认真、谨慎地去做，就像开始时一样，事情就不会失败。

之所以要"慎终如始"，是因为总会有许多人做事不能持之以恒，在快要接近成功的时候失败了。老子认为出现这种情况的主要原因在于成功之前，人们沉不住气，不够谨慎，开始懈怠，失去了刚开始时的热情。可是他们却没有记住，能够善始善终的人才是真正的大赢家。

有一个奇妙的"荷花定律"，能生动地说明最后的环节有多么重要。

荷花第一天开放时只是一小部分，到了第二天，它们就会以相当于前一天的两倍的速度开放，到了第三十天，荷花就开满了整个池塘。

很多人以为，到第十五天时，荷花就能开满池塘的一半。然而，事实并非如此！到第二十九天时荷花才开满了一半，最后一天便开满全池。

最后一天的速度最快，等于前二十九天的总和。

像荷花盛开一样，差一天，就会与成功失之交臂，越到最后，事情越关键、越重要。人们经常在做了90%的工作后，放弃了最后能让他们成功的10%，甚至相当一部分人做到了99%，只差1%，但就是这一点细微的差距，让他们在事业上难以取得突破和成功。行百里者半九十——最后的步骤不到位，前面的事就等于白做了，甚至会带来比不做还要恶劣的后果。

有这样一个值得深思的故事。

有三个好朋友，毕业后去了同一家公司求职，经过层层筛选，他们都幸运地获得了工作机会。但是上班第一天，主管就告诉他们，他们现在只是在试用期，并不是公司的正式职员。第一个月公司会对他们的工作状况进行考核，合格的在试用期结束后将会成为公司的正式员工。三个人都向主管保证自己会努力工作，会用行动向公司证明自己的能力。

试用期的工作是枯燥乏味的，并且他们的工作量很大，还经常加班到很晚，但是三个年轻人都没有抱怨，他们都期待着试用期过后，自己能正式成为公司的一员，怀着对未来的美好期待，三个人都努力地工作着。

一个月一晃而过，试用期马上就快结束了，三个人相信凭着自己的良好表现，他们肯定都能通过公司的考核。最后那天下午，主管找到了三个年轻人，对他们说："非常抱歉，你们三个都没有通过公司的考核，按照我们事先的约定，你们不能再在公司待下去了，这是这个月的工资，你们收好，等上完今天的这个夜班，你们就可以走了，祝你们以后一切顺利。"

听到主管的这些话后，三个人都非常惊讶，但事情已经这样了，也没有回旋的余地了。夜班时间很快就到了，三个人当中的一个，朝厂房走去，他不想因为自己的原因而影响整条流水线的工作。另外两个人心想既然没有通过公司的考核，并且工资也发了，索性没有去上夜班。

最后一晚像往常一样结束了，年轻人疲惫地走出厂房，令他吃惊的是，主管正站在厂房的门口冲他微笑。主管招手把他叫过去，对他说："经公司研究决定，你的试用期今晚正式结束，我们决定录用你为我们公司的正式职员，明天请到公司总部接受新职位的任命，恭喜你。其实，你们三个人都很优秀，表现都非常好，不过我们无法选择录用你们中的哪一位，昨天晚上是对你们的最后一次考验，我们只选择最优秀的那一个，那个人就是你。"

这位年轻人坚持上完了最后一个夜班，他最后的结果与那两位朋友迥然不同，因为他选择了坚持，选择了善始善终。善始善终才能够笑到最后。现实生活中，有不少人追名逐利，经不起风浪，成名致富之后，往往心高气傲，目空一切。有些年轻人心浮气躁，遇到坎坷就有畏难情绪，缺乏奋斗目标和理想信念，对此不妨做一下反省。

善始善终，就是对成功的不懈追求，是一种淡泊名利的心态，是一种境界、一种超脱。正因为有了这种心态和追求，才能够在自己的岗位默默奉献。善始善终也是一种自信，心不骄，气不馁。无论做什么事情，都能够沉住气，精益求精，坚持到底。

有信念的人，命运永远不会辜负

任何一件事情，无论它有多么难，只要你认真去做，全力以赴去做，就能够化难为易。一个人比较成功，一定是他比较认真。假如一个人还没有成功，那他一定还不够认真。认真就是你用生命，用真实的感情，用全部的热情，坚持不懈地去做一件事的态度。

1990 年 9 月 18 日，国际奥委会做出决定：美国亚特兰大市获得 1996 年第二十六届奥运会的主办权。而这一切要归功于美国亚特兰大奥运会组委会主席比利·佩恩的伟大勇气与不懈努力。

1987 年，当比利最初产生申办奥运会的想法时，他的朋友都怀疑他是否丧失了理智。当时很少人知道的亚特兰大市看上去似乎没有一点申办成功的希望，因为 1996 年是奥运会的 100 周年，人们都认为主办城市将回归到奥运会的故乡——希腊的雅典。再者，自从第二次世界大战后，奥运会恢复以来，还从来没有过第一次申奥就能成功获得举办权的先例。此外，美国还刚刚举办了1984 年的奥运会。但是比利·佩恩相信自己的想法，并坚信最终的结果只有在行动之后才会出现。

比利·佩恩放弃了律师合伙人的身份，用自己拥有的房产做抵押取得一笔贷款来维持家庭开销，然后全身心地投入他的活动中。他积极地四处奔走，以最大的努力获得了市长的大力支持，组成了一个合作小组，然后又用极大的热情说服了众多大公司向他们的小组投入资金，并且在世界各地巡回演讲以寻求支持。他们邀请国际奥委会的代表共进晚餐，以增进代表们对亚特兰大市的了解。

比利·佩恩每月有 20 天游说于世界各地。他没有工资和差旅费，他只是努力地行动着、争取着，使他的梦想成为现实。经过两年多的努力，比利·佩恩和同伴们的努力赢得了回报，国际奥委会打破惯例，将 1996 年奥运会的主办权交给了第一次提出申请的美国城市亚特兰大。

比利曾这么说道："我一直都不喜欢周围消极的人，因为我不需要有人经常提醒我们成功的可能性不大，我们需要那些积极向我们提供策略和解决问题方法的人。有意识地做出决定，从自己的失败中学习经验教训，最终我们实际上是靠自己来做事。"

比利和他的团队之所以能取得成功，就是因为他们明白一个道理：无论期待怎样的结果，都只有在真正行动之后才会出现。只有及时地总结经验教训，才能最终取得成功。

我们通常认为的成功人士，往往都是能够沉住气、坚持不懈的人，凡是他们认定的事，都会坚持地做下去，并且认真地去做，还要做到最好。即使中间遇到再大的困难，也决不放弃。

李超大学本科毕业后被分配到一个研究所，这个研究所的大部分人学历都比李超高，李超感到压力很大。

工作一段时间后，李超发现所里大部分人并不是很认真，他们不是虚度光阴，就是忙着自己私底下做的"第二职业"。

而李超却没有像那些人一样，他觉得既然自己在这里工作，就要好好干，一定要干出成绩。

于是李超一头扎进工作中，从早到晚埋头苦干。这样他的业务水平提高得很快，不久就成了所里的"顶梁柱"。时间一长，他逐渐受到所长的重用。渐渐地所长感到离开李超，工作上就好像失去了左膀右臂。

不久，李超便被提升为副所长，而老所长年事已高，所长的位置也在等待着他。

诗人纪伯伦说过："工作是看得见的爱。"李超对待工作的态度就是认真，对认定的事，他一定要认真做到底，特别是在面对自己没有经验、没有把握的工作时更能牢牢记住这一点。只有这样，才会真正鼓起勇气去面对一切困难，发挥出自己的潜力，从而获得在别人或者自己看来都是不可能的一切。

　　在通往成功的道路上，大多数人关注更多的是才能的积累和机遇的把握，却忘了"认定的事情要认真做到底"这样一个简单的道理。为人处世要沉住气，脚踏实地地努力，比大多数人多一些韧性、多一份坚持、多一点认真，唯有如此，才能为成功积累更多的经验和资本。

重要的不是你拥有什么，而是你做了什么

　　"纸上得来终觉浅，绝知此事要躬行"，这句古诗也许正埋藏在你的记忆深处，不过谁会意识到它散发出来的光芒？说与做、言与行何者更重要？何者需要先行？这样的问题不知道你是否拥有自己的答案。但显而易见的是，多说不如多做，凡事先干起来总是有好处的。与其在等待中枯萎，不如在行动中绽放。

　　很多人认为第一个吃螃蟹的人不是勇敢而是莽撞，他们却没有想到正是因为有第一个吃螃蟹的人，才使得人们了解到螃蟹的美味。当你的头脑中有想法时，不妨试着将想法变为现实，也许你会因此多一个成功的机遇。

　　汽车一向被誉为男人身份和地位的象征。所以许多汽车公司在做汽车广告时大多针对男性顾客，将广告宣传的重点放在男性

身上，更强调力量和速度。20 世纪 90 年代，福特公司全年广告中只有 10% 是针对女性来做的。后来，福特公司的广告策划项目经理罗伯斯在通过深入的市场调查后发现，女性购买者也是很重要的一个客户群体，甚至男性购买者身边的女性对于男性购买者的判断选择也有很大的影响力。

因此，在当年的中期，他将 60% 的广告目标投向女性。当上层领导意识到女性市场的重要性时，他们惊喜地发现，罗伯斯已经把这一想法实现了，而且福特汽车因此在占领女性市场上获得了先机。罗伯斯也因为自己的做法为公司获取了巨额利润，而被提升为公司的部门经理。

也许有人会把罗伯斯的行为说成是大胆、冒险，甚至说他能成功是因为幸运女神的眷顾。然而，罗伯斯的成功正是说明了做的重要性。人生在世，有了想法一定要大胆地将其付诸实践，这样才无愧于心。

凡事先做一定存在着各种各样的风险，然而先做并不是让你不经思考一味求结果。相反，在做之前一定要沉下心来思量做的利弊，分析做的可行性。凡事先做的前提是要沉住气。如果遇到事情，只懂得逃避和一味地退缩，你终归会碌碌无为。

想在前面并且做在前面正是一个人敢想敢做的体现，在工作上如此，在人生大的抉择上也应如此，这都是在书写自己的人生。老天更偏爱那些有了想法，衡量之后敢于实践的人。其实人生就像是一部小说，你的所作所为可能为这部小说埋下了很多伏笔，不知道哪一天，曾经的伏笔就会成为故事的主线。

每个人都有属于自己的一个位置，谁都想出人头地，谁都渴望能够过上高质量的生活。成功的机遇与其说掌握在别人手中，不如说掌握在自己手里。当你的表现、你的作为、你的付出远远大于别人时，你取得的成就自然也远高于别人。重点就在于你要将事情做在前面，而不是等待命运推动你去做。

如果你还认为你心目中的好事只是上天的馈赠，那你就要小心了。在你自作聪明，对工作挑肥拣瘦时，机会也会对你格外挑剔。

无论你的想法是前人留下的经验，还是自己的感悟，一旦有了想法不妨就去实践一下。一百张空头支票也比不上实际行动，空想是不会有任何收获的。要想成功，不仅仅需要信心、勇气、耐力、聪明才智，更需要踏实肯干，将想法付诸实践。只有做过，才知道自己是否能够成功。

第四章

理想与现实的距离，
只有奋斗能缩短

活鱼折腾跃过龙门，咸鱼安静翻不了身

我们很多人看得到成功者的光鲜艳丽、意气风发，我们羡慕、膜拜却忘了思考他们成功的原因，又或是用不屑的眼光上下打量认为他们只是"侥幸成功者"。我们从来就看不到他们的成功是用辛勤的汗水和不懈的努力换来的。

"先天下之忧而忧，后天下之乐而乐"，以国家之务为己任的北宋名臣范仲淹是一位杰出的政治家、文学家。他从小就十分勤奋刻苦，为了做到心无旁骛、一心专注于读书，范仲淹到附近的醴泉寺寄宿苦读，对于儒家经典是终日吟诵不止，不曾有片刻松懈怠惰。

"成由勤俭败由奢"，这时候的范仲淹家境并不是很差，但为了勤奋治学，范仲淹勤俭以明志，每天煮好一锅粥，等凉了以后把这锅粥划成若干块，然后把咸菜切成碎末，粥块就着咸菜吃即是一日三餐。这种勤奋刻苦的治学生活差不多持续了三年，附近的书籍已不能满足范仲淹日益强大的求知欲了。于是范仲淹到家中收拾了几样简单的衣物，佩上琴剑，毅然辞别母亲，踏上了求学之路。

宋真宗大中祥符四年（1011 年），二十三岁的范仲淹来到应

天府书院。应天府书院，即应天书院，是宋代著名的四大书院之一，书院共有校舍一百五十间，藏书几千卷。在这里，范仲淹如鱼得水，他用一贯的勤俭刻苦作风向学问的更高峰攀登。

一天，范仲淹正在吃饭，他的同窗好友（南京留守的儿子）过来拜访他，发现他的饮食条件非常差，出于同窗之情，就让人送了些美味佳肴过来。过了几天，这位朋友又来拜访范仲淹，他非常吃惊地发现，他上次让人送来的鸡鸭鱼肉之类的美味佳肴都变质发霉了，范仲淹却连动都没动一下。他的朋友有些不高兴地说："希文兄（范仲淹的字，古人称字，不称名，以示尊重），你也太清高了，一点吃的东西你都不肯接受，岂不让朋友太伤心了！"范仲淹笑着解释说："老兄误解了，我不是不吃，而是不敢吃。我担心自己吃了鱼肉之后，咽不下去粥和咸菜。你的好意我心领了，你可千万别生气。"朋友听了范仲淹的话，顿时肃然起敬。

范仲淹凭着这股勤奋刻苦的劲头，博览群书，在担任陕西经略安抚副使期间，指挥过多次战役，成功抵御了西夏的入侵，使当地人民的生活得以安定。西夏军官以"小范老子（指范仲淹，"老子"是西夏人对知州的称法，"小范"是相对之前的"大范"范雍而言的）胸中有数万甲兵"互相告诫，足以看出西夏人对范仲淹的忌惮与敬畏之心，这在军事力量屡弱的北宋的历史上是罕见的。

范仲淹之所以能有如此杰出的才能，得益于他素来勤奋刻苦的良好作风，辛勤的耕耘，自会换来丰硕的果实。

勤奋在任何时代、任何地方都是不过时的成功法宝。自古迄今皆是如此。

日本保险业连续 15 年排全日本业绩第一，被誉为"推销之神"的原一平在一次大型演讲会上，用"行为艺术"给期待成功、前来取经的人们讲了一个走向成功的"秘诀"。大会即将开始，台下数千人翘首企盼、静静等待着原一平的到来，期待原一平给他们带来成功的"福音"。演讲会开始了，可原一平迟迟没到。十几分钟过后，在众人望穿秋水的期待下，姗姗来迟的原一平终于"千呼万唤始出来"。

走向讲台，看着一张张热烈期待的脸庞，原一平一句话也没说，只是坐在后边的椅子上继续地看着。半个小时后，原一平仍然没说一句话，可前来"取经"的人有的忍不住了，陆陆续续地离开会场。一个小时过后，原一平仍然是一句话也不说，就这么干耗着。这"故弄玄虚"的行为让很多人无法忍受，他们纷纷离开会场。可也有人想一探究竟，想看看原一平的葫芦里卖的是什么药。就剩下十几个人的时候，原一平终于开口说话了："你们是一群忍耐力很好的人，我要让你们分享我的成功秘诀，但又不能在这里，要去我住的宾馆。"

于是这十几个人都跟着原一平去了他住的宾馆。进入房间后，原一平脱掉外套，接着就坐在床上脱他的鞋子、袜子，这一系列行为让前来"捧场"的人看得莫名其妙。就在众人错愕惊讶之时，原一平亮出了他的"成功撒手锏"，他把脚板亮在众人面前，众人看到了一双布满老茧的脚（原来原一平一开始就耗着是有原因的，如果要向几千人展示他的成功秘诀，似乎有点不雅）。原一平最后道破"秘诀"，说："这些老茧就是我的成功秘诀，我的成功是我用勤奋跑出来的。"

成功都是用勤奋跑出来的，想不劳而获，那个守着树桩的"待兔人"就是前车之鉴。

勤劳是痛苦与悲惨的治疗秘方

许多年轻人在遭遇挫折与失败后，想到自己身无长物，没有资金傍身，没有贵人提携相助，运气也不站在自己这一边，相伴的只有接踵而至的苦难，看自己形影相吊、孑然一身，不禁黯然神伤，自怨自艾，然后在孤独的夜里独自舔舐那苦难留下的伤口。他们喜欢做这样的自我哀怜，甚至是享受。然后就这样一直在苦难中堕落下去，从没想过要振奋起来。然而"生活不是林黛玉，并不会因为忧伤而风情万种"。

有个到处流浪的街头艺人，虽然才40多岁，看上去却像80岁。整个人瘦骨嶙峋，形容枯槁，看不到一点生气，医院诊断为肝癌末期，已时日无多。"人之将死，其言也善"，临终前，他把年仅16岁的儿子叫到身边，嘱咐儿子："你要好好念书，不可像我一样，年轻时不肯努力，终日蹉跎岁月，以致老无所成。我年轻时好勇斗狠，抽烟酗酒，日夜颠倒，正值壮年就得了绝症。这些你要谨记在心，可别走上我的老路。我没什么可以送给你，就送你两个字——勤奋。"

街头艺人的儿子好像没有接受"勤奋"二字。长大后的他经常在酒馆、赌场厮混，打架闹事。有一次与客人发生冲突，因冲突过于激烈，以致失手将人打死。为此，他被捕坐牢，度过了几年牢狱生涯。刑满出狱后，物是人非，周围的一切都变得陌生了。可能觉得自己不再适合"闯荡江湖"了，他决定痛改前非。他想找一份正当的工作来做，可又苦于身无一技之长，只好回到乡下，做些杂工以维持生计。

由于他年轻时的无端蹉跎，到知天命之年才成家。年事渐长，经历过一番风雨的他似乎渐渐懂得了父亲临死前交代的话。如果你认为他明白了"亡羊补牢，为时未晚"的道理的话，那就错了。他感觉自己体力一天不如一天，一年不如一年，面对着无法支撑起来的家，心里充满无限的悔恨与悲伤，然后在悲伤悔恨中自哀，然而仅此而已。悔恨交织的他每日只懂借酒浇愁，就这样浑浑噩噩地过完了一生。

悔恨与悲伤对眼前的境况不能起到任何的改善作用，反而会让人堕入其中，从而丧失了前进的动力，浑浑噩噩以终日。要想取得成功，获得幸福生活，勤劳的双手才是保障。只要我们拥有勤奋的精神，就能击败苦难，赢得成功。

斯蒂芬·威廉·霍金是英国剑桥大学应用数学及理论物理学系教授，当代最重要的广义相对论和宇宙论学家，是享有国际盛誉的伟人之一，是继爱因斯坦之后社会影响力最大的科学家，还被称为"宇宙之王"。

霍金在牛津大学毕业后转去剑桥大学读研究生，就在这时，他被诊断为患有会使肌肉萎缩的"卢伽雷氏症"，后来就完全瘫痪了，所以他看书必须依赖一种翻书页的机器，读文献时必须让人将每一页摊平在一张大办公桌上，然后他驱动轮椅如蚕吃桑叶般地逐页阅读。祸不单行，霍金后来又因为肺炎进行了穿气管手术而丧失了语言能力，因此他只能依靠安装在轮椅上的一个语言合成器与人进行交谈。

要成为伟大的人，注定要经历并战胜一些非常之事。面对这些疾病带来的巨大折磨，霍金没有垂头丧气、自哀自怜，而是用比从前更为坚强的毅力以及辛勤的行动去回击那些苦难。霍金从未放弃对学习的坚持，他用惊人的毅力继续从事着物理研究，终于取得了巨大的成绩，成为世界上公认的引力物理科学巨人。他的黑洞蒸发理论和量子宇宙论不仅震动了自然科学界，并且对哲学和宗教都产生了深远的影响。此外，霍金还在1988年4月出版了他的著作《时间简史》。《时间简史》自1988年首版以来，已成为全球科学著作的里程碑。它被翻译成40多种文字，销售了数千万册，成为国际出版史上的奇观。该书内容是关于宇宙本性的最前沿知识，但是从那以后无论在微观还是宏观宇宙世界的观测技术方面都有了非凡的进展。

面对苦难，只有拿出勇气与辛勤的劳动才能成就辉煌。霍金被誉为自爱因斯坦以来世界最著名的科学思想家和最杰出的理论物理学家，之所以取得如此成就，靠的是他比伤病前更大的决心与更多的努力。与其说他的成功是因为他的天赋，不如说他的成功是因为他勤奋执着的精神。一个人如果只知在痛苦中沉沦，天赋再好也终将荒废。

美国小说家马修斯说："勤奋工作是我们心灵的修复剂，是对付愤懑、忧郁症、情绪低落、懒散的最好武器。有谁见过一个精力旺盛且生活充实的人会苦恼不堪、可怜巴巴呢？"勤奋的人懂得在苦难中奋起，用汗水换回幸福。

李嘉诚说："我 17 岁开始做批发的推销员，就更加体会到了挣钱的不容易、生活的艰辛。人家做 8 个小时，我就做 16 个小时。"李嘉诚能站在华人富豪的巅峰，与他这种辛勤努力是有直接关系的。

因此我们要取得成功、获得幸福生活，顾影自怜是不会达到目的的，只有用自己辛勤的双手才能缔造幸福的明天。所以，面对悲惨的现实，不要堕落其中，行动起来吧，用辛勤的行动去撕破悲伤交织的网。

面对苦难，只会自哀自怜是没有任何用处的，勤劳才是治疗痛苦与悲惨的最佳秘方。

天下事以难而废者十之一，以惰而废者十之九

萧伯纳说："懒惰就像一把锁，锁住了知识的仓库，使你的智力变得匮乏。"懒惰就像是一种精神腐蚀剂，使人变得萎靡不振。懒惰的人好逸恶劳，即便是力所能及的事情也不愿意动手去做，妄图坐享其成。能力是修炼出来的，凡事都袖手旁观，自身的能力就会退化。

因此，颜之推在《颜氏家训》中告诫自己的子孙说："天下事以难而废者十之一，以惰而废者十之九。""天下无难事，只怕有心人"，勤奋用心的人不会因为事情的艰难而放弃成功的希望；懒惰才是失败的主要原因，因为懒惰会让人的智力变得低下，能力变得平庸。

好逸恶劳乃是万恶之源，懒惰会吞噬一个人的心灵。对于任何一个人来说，懒惰都是一种堕落的、具有毁灭性的腐蚀剂。比尔·盖茨说："懒惰、好逸恶劳乃是万恶之源，懒惰会吞噬一个人的心灵，就像灰尘可以使铁生锈一样，懒惰可以轻而易举地毁掉一个人，乃至一个民族。"

一旦染上了懒惰的习性，就等于为自己掘下了坟墓。毫无疑问，懒惰者是不能成大事的，因为懒惰的人总是贪图安逸，遇

到一点风险就裹足不前；而且生性懒惰的人还缺乏吃苦实干的精神，总想吃天上掉下来的馅饼。这种人不可能在社会生活中成为成功者，他们永远是失败者。

人们总有不劳而获的思想，克服懒惰才能免于毁灭，而付出辛勤的劳动是唯一的方法。英国哲学家穆勒这样认为："无论王侯、贵族、君主，还是普通市民都具有这个特点，人们总想尽力享受劳动成果，却不愿从事艰苦的劳动。懒惰、好逸恶劳这种本性是如此的根深蒂固、普遍存在，以至于人们为这种本性所驱使，往往不惜毁灭其他的民族，乃至整个社会。为了维持社会的和谐、统一，往往需要一种强制力量来迫使人们克服懒惰这一习性，从而不断地劳动。"

一位哲学家看到自己的几个学生并不是很认真地听他讲课，而且学生们对自己将来要做什么也模糊不清，于是，哲学家打算给学生上一节特殊的课。

一天，哲学家带着自己的学生来到了一片荒芜的田地，田地里杂草丛生。哲学家指着田里的杂草说："如果要除掉田里的杂草，最好的方法是什么呢？"学生们觉得很惊讶，难道这就是要上的最重要的一堂课吗？但学生们还是纷纷提出了自己的意见。

一位学生想了想，对哲学家说："老师，我有个简便快捷的方法，用火来烧，这样很节省人力。"哲学家听了，点点头。另一个学生站起来说："老师，我们能够用几把镰刀将杂草清除掉。"哲学家也同样微笑着点点头。第三位学生说："这个很简单，去买点除草的药，喷上就可以了。"听完学生的意见，哲学家便对他们说道："好吧，就按照你们的方法去做吧。四个月后，我们再回到这个地方看看吧！"学生们于是将这块田地分成了三块，各自按照自己的方法去除草。用火烧的，虽然很快就将杂草烧没了，可是过了一周，杂草又开始发芽了；用镰刀割的，花了四天的时间，累得腰酸背疼，终于将杂草清除一空，看上去很干净了，可是没过几天，又有新的杂草冒了出来；喷洒农药的，只是除掉了杂草露在地面上的部分，根本无法消灭杂草。几个学生失望地离开了。

四个月过去了，哲学家和学生们又来到了自己辛苦工作过的田地。学生们惊讶地发现，曾经杂草丛生的荒芜田地现在已经变成了一块长满水稻的庄稼地。学生们脸上露出了不解的神情。哲学家微笑着告诉他的学生：要除掉杂草，最好的办法就是在杂草地上种上有用的植物。学生们会心地笑了起来，这确实是一次不寻常的人生之课。

对付懒惰，辛勤的劳动才是克敌之道。确实，一心想拥有某种东西，却害怕或不敢或不愿意付出相应的劳动，这是懦夫的表现。无论多么美好的东西，人们只有付出相应的劳动和汗水，才能懂得这美好的东西是多么来之不易，人们才能从这种拥有中享受到快乐和幸福，这是一条万古不变的原则。即使是一份悠闲，如果不是通过自己的努力得来的，那么这份悠闲也并不甜美。不是用自己的劳动和汗水换来的东西，你没有为它付出代价，你就不配享用它。生活就是劳动，劳动就是生活，懒惰会使人陷入颓败的境地，只有辛勤的劳动才能创造生活，给人们带来幸福和欢乐。

任何人只要劳动，就必然要耗费体力和精力，劳动也可能会使人精疲力竭，但它绝对不会像懒惰一样使人精神空虚、万念俱灰。马歇尔·霍尔博士认为："没有什么比无所事事、空虚无聊更为有害的了。"那些终日游手好闲、无所事事的人体会不到劳动的快乐，他们的思想是空虚的，生活是单调的，因为天底下最无聊的事情就是无所事事。

斯坦利·威廉勋爵曾说过："一个无所事事的懒惰的人，不管他多么和气、令人尊敬，不管他是一个多么好的人，不管他的名声如何响亮，他过去不可能、现在不可能、将来也不可能得到真正的幸福。生活就是劳动，劳动就是生活，而懒惰将会使人误入失败的深渊。"

与众不同的背后，是日复一日的勤勉

"雄鹰可以到达金字塔的塔尖，蜗牛同样也可以。"雄鹰的资质极佳，要到达金字塔的塔尖当然比资质平庸的蜗牛容易得多。但这并不意味着雄鹰不需要勤奋努力、艰苦磨炼就能轻易做到，须知道在华丽的飞翔背后，是何等残酷的磨炼。

一只幼鹰出生后，不待几天就要接受母鹰的训练。在母鹰的帮助下，成百上千次训练后的幼鹰就能独自飞翔。如果你认为这样就可以的话那就错了，事情远没有这么简单，这只是第一步。接着母鹰会把幼鹰带到高处悬崖上，把它们摔下去，许多幼鹰因为胆怯而被母鹰活活摔死，但没有经过这样的考验是无法翱翔蓝天的。

诚然，世界上没有两个完全一样的人，人与人之间充满了差异，有的人资质好，而有的人却要显得平庸得多。我们资质差，但这并不妨碍我们用辛勤的脚步走向成功。

德摩斯梯尼（前384—前322年），古雅典雄辩家、民主派政治家，一生积极从事政治活动，极力反对马其顿入侵希腊，后在反马其顿运动中为国壮烈牺牲。

当时，在雄辩术高度发达的雅典，无论是在法庭、广场，还是公民大会上，经常会有经验丰富的演说家在辩论。听众的要求也非常高，甚至到了挑剔刻薄的程度。演说家一个不恰当的用词，或是一个难看的手势和动作，常常都会引来讥讽和嘲笑。

德摩斯梯尼天生口吃，嗓音微弱，还有耸肩的坏习惯。在这些高标准、严要求的听众看来，他似乎没有一点当演说家的天赋。因为在当时的雅典，一名出色的演说家必须是声音洪亮，发音清晰，姿势优美而且富有辩才。德摩斯梯尼最初的政治演说是非常糟糕的，由于口吃结巴、发音不清、论证无力而多次被轰下讲坛。为了成为卓越的政治演说家，德摩斯梯尼此后做了超乎常人的努力，进行了异常刻苦的学习和训练。德摩斯梯尼虚心向著名的演说家请教发音的方法；为了克服口吃毛病，每次朗读时都放一块小石头在嘴里，迎着大风或面对着波涛练习；为了改掉气短的毛病，他一边在陡峭的山路上攀登，一边不停地吟诗朗诵；为了改善演讲时的面部表情，他在家里装了一面大镜子，每天起早贪黑地对着镜子练习演说；为了改掉说话耸肩的坏习惯，他在头顶上悬挂一柄剑，或悬挂一把铁叉；他把自己剃成阴阳头，以便能安心躲起来练习演说……

德摩斯梯尼不仅在演说技巧上进行改善，而且努力提高政治、文学修养。他研究古希腊的诗歌、神话，背诵优秀的悲剧和喜剧，探讨著名历史学家的文体和风格。据说，他把《伯罗奔尼撒战争史》抄写了八遍。柏拉图是当时公认的独具风格的演讲大师，他的每次演讲，德摩斯梯尼都前去聆听，并用心琢磨、学习大师的演讲技巧……

经过十多年的磨炼，德摩斯梯尼终于成了一位出色的演说家，他的著名的政治演说为他赢得了不朽的声誉。他的演说词结集出版，成为古代雄辩术的经典。

公元前330年，雅典政治家泰西凡鉴于德摩斯梯尼对国家所做的贡献，建议授其金冠荣誉。德摩斯梯尼的政敌埃斯吉尼反对此种做法，认为不符合法律。为此，德摩斯梯尼与埃斯吉尼展开了一场针尖对麦芒的公开辩论。在此次辩论中，德摩斯梯尼用事实证明了自己当之无愧。最后，泰西凡的建议得以通过，德摩斯梯尼被授予了金冠。

德摩斯梯尼的资质在我们看来非常差，然而他付出了"嘴含石块""头悬剑"等诸多辛勤努力，终于成为一位伟大的辩论家和政治家。

"勤能补拙是良训，一分辛苦一分才"，只要付出，相信总会有回报的。

晚清四大名臣之一的曾国藩，读书资质也非常差，差到让一个他家行窃的小偷都心生鄙夷。一天，曾国藩在家读书，始终在朗读着一篇文章，读了又背，背了又读。如此反反复复，始终没有把它背下来。

偏巧，这时候一个小偷偷到曾国藩的家里了。小偷见有人在背书，为了不被发现，就先潜伏在屋檐下，想等所有人都睡熟了之后再行窃。可没想到，这个"酸腐"的读书人还是一直在那儿吟吟哦哦地读着文章，大有欲罢不能的态势。这个小偷看见这种架势，于是有点愤怒地跳出来指着妨碍他行窃的曾国藩责骂道："你这榆木疙瘩般的脑子，还读个什么书啊？"这种"恨铁不成钢"的语气颇有几分语重心长、苦口婆心的意味。说罢，具有"诲人不倦"精神的小偷又将曾国藩一直反复朗读的文章一字不落地背了下来，然后扬长而去，留下尚未缓过神来的曾国藩在房中惊愕不已。

曾国藩的这番遭际也算得上是"千古奇遇"了。无疑，这个小偷的资质比曾国藩不止高出一个层次，然而曾国藩却成了历史上非常有影响力的人物，他靠的就是那"不断反复"的勤奋刻苦的精神。而贼始终是贼，不正是因为他不肯付出努力，想不劳而获的缘故吗？

雄鹰资质再好，如果不去搏击风雨，退化的羽翼反而成为负担；蜗牛再慢，只要勤奋努力，一步步也能爬上金字塔的塔尖。

耐心地做好每一次重复

"业精于勤，荒于嬉"，技艺是通过勤奋地练习修来的。要做到勤奋确实非常不容易，因为反复地做同一件事情，对我们来说实在太枯燥了，但是我们应该要耐心地做好。只要努力地做好每一次重复，相信终会大有所成。

颜真卿非常喜爱书法，他起初师从名家褚遂良学习书法，为了博采众家之长，后来颜真卿又拜在张旭门下。张旭是一位极有个性的书法大家，常喝得大醉，呼叫狂走，然后落笔成书，甚至以头发蘸墨书写，故又有"张颠"的雅称。张旭是唐代首屈一指的大书法家，兼擅各体，尤其擅长草书，被誉为"草圣"。颜真卿希望在这位名师的指点下，很快能学到写字的窍门，从而在书法上能有所成就。

但拜师后的颜真卿，却没有参透老师张旭的书法秘诀，因为张旭只是给他介绍一些名家字帖，简单地指点一下各家字帖的特点后，就让颜真卿自己临摹。有的时候，他就在旁边看着张旭泼墨。就这样几个月过去了，颜真卿依然没有得到张旭的书法秘诀，心里有些着急了，觉得老师张旭有点藏技之嫌，他决定直接向老师提出要求。一天，颜真卿壮着胆子，红着脸说："学生有一事相求，望请老师将书法秘诀倾囊相授。"张旭回答说："学习书法，一要'工学'，即勤学苦练；二要'领悟'，即从自然万象中接受启发。这些我不是告诉过你多次了吗？"颜真卿听了，认为这并不是他想听到的书法秘诀，于是又向前一步，施礼恳求道："老师说的'工学''领悟'，这些道理我都知道，我现在最需要的是行笔落墨的绝技秘方，望请老师赐教。"

张旭听了这些，知道他有些急躁了，便耐着性子开导颜真卿："我是见公主与担夫争路而察笔法之意，见公孙大娘舞剑而得落笔神韵，除了勤学苦练就是观察体悟，别的没什么诀窍。"最后又严肃地说："学习书法要说有什么'秘诀'的话，那就是勤学苦练。要知道，不下苦功的人，是不会有任何成就的。"老师的教诲，使颜真卿大受启发，他真正明白了为学之道。从此，他扎扎实实勤学苦练，潜心钻研，从生活中领悟运笔神韵，进步神速，最终成为一位大书法家。颜真卿的字端庄浑厚，被称为"颜体"，与柳公权的"柳体"并称于世，而"颜筋柳骨"也成为后世典范。

要想写好字，就必须反复不断地重复"点、横、竖、撇、捺、钩……"的练习，从古至今的大书法家，钟繇、王羲之、王献之、智永、褚遂良、怀素等，未尝不是如此。

钟会来到父亲的卧榻前，最后一次聆听父亲钟繇的教诲。垂垂老矣的钟繇交给他一部书法秘术，并且将自己刻苦练习的故事告诉钟会予以勉励。钟繇耗尽三十余年心血，一直致力于学习书法。他主要从蔡邕的书法技巧中掌握了写字要领。在练习的过程中，不分昼夜，不论场合，有空就写，有机会就练。与人坐在一起谈天，就在周围地上练习。晚上休息，则以被子为纸张，结果时间长了被子竟被划出了大窟窿。

这里有一则关于钟繇的有趣的小故事：钟繇在学习书法时极为用功，有时甚至达到入迷的程度。据西晋虞喜《志林》一书记载，钟繇发现韦诞有蔡邕的练笔秘诀，便求借阅，但因书太珍贵，韦诞始终没有答应借给他。钟繇情急失态，捶胸顿足，弄得自身伤痕累累，如此大闹三日以至昏厥。幸得曹操及时命人救起，钟繇才大难不死。尽管如此，韦诞仍是铁了心肠，不为所动。钟繇无奈，只有望书兴叹。韦诞死后，钟繇派人掘其墓而得其书，从此书法进步迅猛。

王羲之醉心练字，就连平常走路的时候也随时用手指比画着练字，日子一久，衣服竟被划破。经过这样一番勤学苦练，王羲之的书法才得以精进，被后世称为"书圣"。王献之师承父亲王羲之，造诣相当高深。从晋末至梁代的一个半世纪里，其影响甚至超过了其父王羲之。王献之在书法上有如此成就，与他的勤奋练字是分不开的。据说王献之练字用掉了十八缸水。

王羲之的七世孙智永和尚是严守家法的大书法家。他习字很刻苦，冯武《书法正传》说他住在吴兴永欣寺，几十年不下楼，还临了八百多本《千字文》，给江东诸寺各送一本。智永还在屋内备了数个容量为一石多的大簏子，练字时，笔头写秃了，就取下丢进簏子里。日子久了，破笔头竟积了十大簏。后来，智永便在空地挖了一个深坑，把所有破笔头都埋在坑里，砌成坟冢，并称之为"退笔冢"。

褚遂良苦练书法，相传因他勤于书法，常到居室前面的池塘里清洗毛笔，久而久之，池塘里的水都染成了黑色。勤奋的褚遂良书法技艺精进，与欧阳询、虞世南、薛稷齐名，并称为初唐四大书法家。

怀素的草书称为"狂草"，用笔圆劲有力，使转如环，奔放流畅，一气呵成，和张旭并称"张颠素狂"。怀素勤学苦练的精神也是十分惊人。因为买不起纸张，怀素就找来一块木板和圆盘，涂上白漆书写。后来，怀素觉得漆板光滑，不易着墨，就又在寺院附近的一块荒地，种植了一万多株芭蕉树。芭蕉长大后，他摘下芭蕉叶，铺在桌上，临帖挥毫。怀素没日没夜地练字，后来老芭蕉叶摘光了，小叶又舍不得摘，于是他干脆带了笔墨站在芭蕉树前，对着鲜叶书写，风吹日晒，从未间断。

这些大书法家无一不是经过勤学苦练、耐心完成一次又一次的重复才终有所成的。其他的技艺不同样要求如此吗？纪昌学射、达·芬奇画蛋，等等，都是耐心完成一次次的重复才取得成功的。

有的人因为不断重复带来的枯燥而厌烦，有的人却因为稍微取得了一些成就就不再重复下去，甚至有的人一开始就自命不凡、等闲地对待这简单的重复。这样的人能取得大的成就？当然很难。因此务必静下心来，耐心对待每一次重复。

从现在开始干，而不是站着看

一个生动而强烈的意象突然闪入脑际，使作家生出一种不可阻遏的冲动——想提起笔来，将其记录下来。但那时他有些不方便，所以没有立刻就写。那个意象不断地在他脑海中活跃、催促，然而他最终没有行动，后来那意象逐渐模糊、暗淡了，直至完全消失！

一个神奇美妙的形象突然闪电般地侵入一位艺术家的心间，但是，他并没有立刻提起画笔将那不朽的形象绘在画布上。这个形象占据了他全部的心灵，然而他从未因此跑进画室埋首挥毫，最后，这个神奇的形象也渐渐从他的心间消失了。

像这样有了想法却不行动、一拖再拖的人还有很多。但是，如果想要达成心中的愿望，我们最好从现在就开始行动。

其实，不管是什么事情，最好的行动时机就是现在。今天的想法就由今天来实现，因为明天还有明天的事情、想法和愿望。但是，生活中就有那么一些人，在做事的过程中养成了拖延的习惯，今天的事情不做完，非得留到以后去做。其实，把今天的事情拖到明天去做，是不划算的。有些事情当初做会感到快乐、有趣，如果拖延几个星期再去做，便会感到痛苦、艰辛。而且，时下的经济形势也不容许我们做事拖沓，如果我们把一切事情都拖到明天来完成，那么很快我们就会在工作中被淘汰。

著名作家玛丽亚·埃奇沃斯在自己的文章中写过这么一段有深刻见解的话："如果不趁着一股新鲜劲儿，今天就执行自己的想法，那么，明天也不可能有机会将它们付诸实践；它们或者在你的忙忙碌碌中消散、消失和消亡，或者陷入和迷失在好逸恶劳的泥沼之中。"

常常会有这样的时候：我们深陷在对昨天伤心往事的懊悔中，期待明天会有不一样的艳阳高照，却独独忽视了今天的存在。"将来我要做政府高官，改变大多数人的生活""将来的发明肯定能解决现在争论不休的问题""将来我会成为世界上最富有的人"……对年轻的我们来说，过去还不怎么值得回味，展望未来倒是不用负责，于是信口开河、任意畅想成了大家平常的乐事。但事实上，我们除了现在、此刻，一无所有。你以为明天还会和今天一样，但意想不到的自然灾害等常给我们以小小的提醒：明天并不一定会到来。

时间并不能像金钱一样让我们随意储存起来，以备不时之需。我们所能使用的只有被给予的那一瞬间——此刻。所谓"今日"，正是"昨日"计划中的"明日"；而这个宝贵的"今日"，不久将消失在遥远的彼方。对于我们每个人来讲，得以生存的只有此刻——过去早已逝去，而未来尚未来临。昨天，是张作废的支票；明天，是尚未兑现的期票；只有今天，才是现金，具有流通的价值。所以，不要老是惦记明天的事，也不要总是懊悔昨天发生的事，把你的精神集中在今天。对于远方将要发生的事，我们无能为力。杞人忧天，对于事情毫无帮助。所以记住：你现在就生活在此处此地，而不是遥远的地方。

《圣经》中有这样一句话："不要烦恼明天的事，因为你还有今天的事要烦恼。"这是一句隐含大智慧的话，却不容易做到。很多男人努力赚钱养家，想赚足够多的钱让家人生活得更好，后来发现钱永远赚不够，而家人则没了。因为家人拥有无数个凄凉孤单的"现在"，无法继续这样生活。

如果你感到不安、恐惧，过多的思考只能增加你的这种不安感。行动起来，你会发现原来并没有什么可怕的。但又有人问：何时行动是最好的呢？回答就是现在！现在就行动！

其实，人不仅要在现在行动，也只能选择在现在行动。

一个人不可能丧失过去和未来，一个人没有的东西，有什么人能从他那里夺走呢？唯一能从人那里夺走的只是现在。任何人失去的不是什么别的生活，而只是他现在所过的生活；任何人所过的也不是什么别的生活，而只是他现在所过的生活。最长的和最短的生命就如此成为同一。

这是一个哲学式的分析，我们可以还原到生活中来理解。

生活中常有这种事情：来到眼前的往往轻易放过，远在天边的却又苦苦追求；占有时感到平淡无味，失去时方觉可贵。可悲的是，这种事情经常发生，我们却依然觊觎那些"得不到"的，跌入这种"得不到的总是最好的"的陷阱中，从而遗失了我们身边的宝贝。

让我们重温《钢铁是怎样炼成的》当中那段名言：

"人最宝贵的东西是生命，生命对于我们只有一次。一个人的生命应当这样度过：当他回首往事的时候，他不因虚度年华而悔恨，也不因碌碌无为而羞愧。这样，在临死的时候，他能够说：'我整个的生命和全部精力，都已献给世界上最壮丽的事业——为人类的解放而斗争。'"

我们也许可以不必在乎周围的一切，但是必须珍惜现在拥有的一切，好的、不好的，令人欢喜的、令人忧愁的。少一些遗憾，多几分坦然，即使有朝一日你将失去，那么你也会无怨无悔地说：我曾珍惜了我所拥有的。

　　抓住了"此刻"，就是给自己一个良好的重新开始的机会。而之后的每一个"此刻"你都能抓住；放弃了现在，就像倒下了一个多米诺骨牌，之后的无数个"现在"也会被压倒。好好把握现在吧！

第五章

生活就像飞翔，
需要你给灵魂一对向上的翅膀

浮躁，是成功路上的绊马索

急于求成、急功近利是人的通病，做事情老是求快，就会追求了速度，却忘记了质量。浮躁的人表现得更加明显，他们希望成功，也渴望成功，在如何获得成功的心态上，显得比常人更为急躁。

很多人虽然充满梦想，但他们不懂得如何为自己规划人生，不懂得梦想只有在脚踏实地的工作中才能得以实现。因此，面对纷繁复杂的社会，他们往往会产生浮躁的情绪。在浮躁情绪的影响下，他们常常抱怨自己的"文韬武略"无从施展，抱怨没有善于识才的伯乐。

一个忙碌了半生的人，这样诉说自己的苦闷："我这一两年一直心神不定，老想出去闯荡一番，总觉得在我们那个破单位待着憋闷得慌。看着别人房子、车子、票子都有了，心里慌啊！以前也做过几笔买卖，都是赔多赚少；我去买彩票，一心想摸成个暴发户，可结果花几千元连个声响都没听着，就没有影儿了。后来又跳了几家单位，不是这个单位离家太远，就是那个单位专业不对口，再就是待遇不好，反正找个合适的工作太难啊！天天无头苍蝇一般，反正，我心里就是不踏实，闷得慌。"

生活中，就是常有这样的一些人，他们做事缺少恒心，见异思迁，急功近利，成天无所事事。面对急剧变化的社会，他们对前途毫无信心，心神不宁。浮躁是一种情绪，一种并不可取的生活态度。人浮躁了，会终日处在又忙又烦的应急状态中，脾气会暴躁，神经会紧绷，长久下来，会被生活的急流所挟裹。

有一个人得了很重的病，给他看病的医生对他说："你必须多吃人参，你的病才会好！"这个人听了医生的话，果然就去买了一根人参来吃，吃了一根就不吃了。

后来医生见到这个病人就问他："你的病好了吗？"病人说："你叫我吃人参，我吃了一根人参，可我的病怎么还没有好？"医生说："你吃了一根人参，怎么不接着吃呢？难道吃一根人参就指望把病治好吗？"

故事中的病人不明白治病需要循序渐进、坚持治疗，而是寄希望于吃一根人参就能恢复健康。现实生活中，很多人也是因为不懂得坚持忍耐，只想着一蹴而就。这样的人，自然是无法触摸到成功的臂膀的。

许多浮躁的人都曾经有过梦想，却始终壮志未酬，最后只剩下遗憾和牢骚，他们把这归因于缺少机会。实际上，生活和工作中到处充满着机会：学校中的每一堂课都是一个机会；每次考试都是生命中的一个机会；报纸中的每一篇文章都是一个机会；每个客户都是一个机会；每次训诫都是一个机会；每笔生意都是一个机会。这些机会带来教养，带来勇敢，培养品德，制造朋友。

脚踏实地的耕耘者在平凡的工作中创造了机会，抓住了机会，实现了自己的梦想；而不愿做好手中工作，嫌其琐碎平凡的人，在等待机会的焦虑中，度过了并不愉快的一生。

人生之路分阶段，到啥阶段唱啥歌

知名企业家李开复在自己的创业论坛中曾表示：成功很大程度是要顺应现实，要在正确的时候做正确的事情。李开复的这番感言可谓对时下很多年轻人最实在的忠告。

近年来，网络上充斥着80后的"普遍焦虑"：最年长的一批80后早已迈入而立之年，他们感叹自己前途渺茫，悲哀自己竟成了"房奴""卡奴"等新一代被剥削阶层，自嘲是"最不幸的一代"。他们从消费者转变为生产者，由聚光灯下的绝对主角转变为荧幕前的观众——身处这个人生阶段，压力自然沉重。因而，80后的不满是可以理解的，其言论也恰好印证了80后的社会身份转变。

然而他们不应忘记，每一代人的人生轨迹，都是存在不同阶段的。如今的80后，与他们的前辈乃至后辈一样，无论生于哪个时代，到了而立之年，都必须勇敢地扛起家庭与社会的重担，都必须走过这从懵懂到稳重、从依赖他人到自力更生的一段路。虽然世事变迁，眼下的与老一辈的时代已有很大不同，但面对人生的方法是不会改变的："阳光总在风雨后"，"不经历风雨，怎么见彩虹"——歌词如此浅白，却也恰恰是最为实在的道理。

有这样一则发人深省的小故事：

有一天，上帝心血来潮，漫步在自己创造的大地上。看着田野中的麦子长势喜人，他深感欣慰。这时，一位农夫来到他的脚边，恳求道："全能的主啊！我活了大半辈子，从未间断过祈祷，年复一年，我从未停止过祈愿：我只希望风调雨顺，没有雨雪风雹，也没有干旱与蝗灾。可是无论我如何做祷告，却始终不能顺心遂意。您为何不理睬我的祈祷呢？"上帝温和地回答："不错，的确是我创造了世界，但我也创造了风雨、旱涝，创造了蝗虫、鸟雀。我创造了包括你在内的万事万物，这并不是一个能事事如你所愿的世界。"

农夫听罢一言不发。突然，他匍匐到上帝的脚边，带着哭腔祈求道："仁慈的主啊，我只祈求一年的时间，可以吗？只要一年：没有狂风暴雨，没有烈日干旱，没有虫灾威胁……"上帝低头看着这个可怜人，摇了摇头，说："好吧，明年，不管别人如何，一定如你所愿。"

第二年，这位农夫看着自家麦穗越长越多，欣慰地感念上帝宅心仁厚，深察民情。然而到了收获的季节，他却发现，这些麦穗竟全是干瘪的。农夫噙着眼泪望着天空："主啊，仁慈的主，全能的主，这是怎么一回事？您是不是搞错了什么？您明明答应过我……"上帝的声音在他耳边响起:"我的确答应过你,我也没有搞错什么。真正的原因是,不经历自然考验的麦子只会是孱弱无能的。风雨、烈日,都是必要的,甚至虫灾也是必要的;你只看到了风雨带给麦子的生长威胁,却没有看到它们唤醒了麦子内在灵魂的事实。"

故事中上帝的话是意味深长的,人的灵魂亦如麦子的内在灵魂,是需要感召的。诚然,不少人希望自己永远被保护在温室里,天天衣食无忧、有人打点一切,时时风调雨顺、称心如意,恰似农夫田地里的那些麦穗。可是现实不可能是这样,也不应该是这样:在人生每一个重要阶段,唯有接受生活的考验,人的精神才能得到磨砺,人才能逐步成熟,否则人将只能是空空如也的躯壳。

人们常常把人生划分为青少年、中年与老年:青少年时代是艺术,天马行空,无拘无束,编织自己的梦想;中年时代是工程,步步为营,稳扎稳打,构筑自己的事业;老年时代是历史,心怀万物,气定神闲,翻阅自己的过往。可见,无论从哪个角度审视,人生都是有其发展轨迹的,没有哪一个阶段可以回避,也没有哪一个阶段能够飞越。

在从青少年到中年的转型期当中,人们从稚拙走向成熟。在此期间,人们的经验与人脉得到了有效积累,社会现实被更好地认识与把握,人们自身,也得到了更为充分的调整。

因此,无论是哪个年代的人,无论处于人生的哪个阶段,人所经历的一切都是生命中不可或缺的组成部分。对于它们，我们应当勇敢正视，我们应当积极体验，不能急功近利，而是应该到什么山唱什么歌，到什么阶段就要有什么追求：年轻的时候，要用自己那股单纯与执着的力量，努力学习、奋发进取、不断拼搏；到了成年，要以老练成熟的眼光看待一切，要着力开发自己潜在的发展空间，拓展自己的事业；到了老年，要懂得返璞归真，要注重个人修养，以一颗平和、安逸、祥和的心看待世间万物。

朋友们，不管你是转型期的80后中的一员，还是才华横溢的少年、历练丰富的中年，请不要抱怨人生的低谷，也不要做一蹴而就的美梦，应换一种角度，静下心来，思考人生阶段的必要性，坦然接受当下的挑战，稳扎稳打，在正确的时间做正确的事。唯有这样，我们才能从容面对当下的得失与成败。

成功无捷径，总要慢慢地熬

成就事业要能忍受孤独、潜心静气。稳重是成大器不可或缺的必要条件，而浮躁则是导致失败的陷阱。

在现实生活中，不少人学习投机钻营的"成功哲学"，不扎扎实实努力，而是急功近利，投机取巧，这种态度势必会使工作大打折扣，久而久之，也必定会影响事业的进一步发展，所谓

"机关算尽太聪明"，到头来，终是"聪明反被聪明误"。

小威和孙博同时被一家汽车销售店聘为销售员，同为新人，两人的表现却大相径庭：小威每天都跟在销售前辈身后，留心记下别人的销售技巧，学习如何才能销售出更多的汽车，积极向顾客介绍各种车型，没有顾客的时候就坐在一边研究、默记不同车款的配置。孙博则把心思放在了如何讨好领导上，掐算好时间，每当领导进门时，他都在用刷子为车做清洁。

一年过去了，小威潜心业务，能力不断提升，终于得到了回报，不仅在新人中销售业绩遥遥领先，在整个公司的业务排名中也名列前茅，得到了老板的特别关注，并在年底顺利地被提升为销售顾问。而孙博却因为没有把公关特长用在工作上，出不了业绩，甚至好几个月业绩不达标濒临淘汰，部门领导也因此冷淡了他。孙博在公司的地位岌岌可危，不久便被迫离开了。

与其像孙博这样辛苦表演最后却换来竹篮打水一场空的结果，倒不如像小威那样，一开始就端正态度，沉住气，扎扎实实做事，这样在创造业绩的同时，自己的能力与价值也得到了提升，今后想谋求大的发展也就相对容易多了。

庄子说："夫虚静恬淡，寂寞无为者，天地之平而道德之至也。"持重守静乃是抑制轻率躁动的根本。浮躁太甚，会扰乱我们的心境，蒙蔽我们的理智，所谓"言轻则招忧，行轻则招辜，貌轻则招辱，好轻则招淫"，轻忽浮躁是为人之忌。要想成就一番功业，还是该戒骄戒躁，脚踏实地。只有扎扎实实地积累与突破，才能在人生路上走得稳，并且走得远。

低姿态的进取方式常常能够取得出奇制胜的效果！老子认为：轻率就会丧失根基，浮躁妄动就会丧失主宰。

做人切忌浮躁、虚荣、好高骛远，而应沉下心来，守住内心的宁静，淡泊名利，踏实求进。我们无论在工作还是生活当中，都应该静下心来深入钻研，"见人所不能见，思人所不能思"，其结果也必然能成人所不能成之功。

着急当将军的士兵不是好士兵

拔苗助长的故事，大家耳熟能详。庄稼的生长，是有其客观规律的，不能强行改变这些规律，但是那个宋国人却不懂得这个道理，急功近利，急于求成，一心只想让庄稼按自己的意愿快长高，结果得不偿失，所有的辛苦都付诸东流。其实，万事万物都有其自身发展规律，我们做的所有事情也有客观的规矩或限制，做事必须循序渐进，而不能急于求成。

正如一位哲人所说的那样，违背客观规律的速成就是在绕远道，只有尊重事物发展规律并付出踏实的努力才能获得最终的成功。

生活中，许多人比别人要勤奋得多，努力得多，却总是希望"一口吃个胖子"，急于求成，结果由于急于求成而丧失了成功的机会。你越是急躁，在错误的思路中陷得就越深，也越难摆脱痛苦。当你过于急躁而寻求突破的时候，往往会迷失方向，跌跌撞撞，最后一事无成。不仅在生活中是这样，物理学上这样的现象也是普遍存在的。量变不积累到一定程度就不会有质变。

我们要想成功地完成一件事情，就要做好充分的准备，进行量的积累。我们想取得好的成绩，就要靠平时认真的学习与积累，这就是一分耕耘一分收获的道理。我们的人生经历也是从知之不多到知之较多，从知之较多到知之甚多的一个积累过程。既然事物的发展都是从量变开始的，为了推动事物的发展，我们做事情必须具有脚踏实地的精神。千里之行，始于足下；合抱之木，生于毫末；九层之台，起于垒土。要促成事物的质变，必须首先做好量变的积累工作。如果不愿脚踏实地、埋头苦干，而是急于求成、拔苗助长，或者急功近利、企求"侥幸"，是不可能取得成功的。

生活中有许多性格急躁的领导，做一件事情恨不能马上就做好。在公司里你时时可以听见他们怒气冲冲的咆哮："效率！效率！"你时时可以看到他们跟在下属的后面，恨不能用鞭子赶着下属干活。现代社会崇尚效率，每一个人都应该追求效率，但是过分追求效率，就变成了急躁，就变成了冒进。一件事情要想成功，仅有热情与吃苦耐劳是不够的，还需要缜密的思索、全面的分析，制订出切实可行的规划，然后才能一步一步实施下去，直至成功。否则一味地急躁，急于求成，跟那个拔苗助长的农夫又有什么区别呢？

不急于求成，时间会成全一切

当人们感慨幸运与成功常常光顾他人，而从自己身边绕路走开的时候，却很少思考那些成功的人和自己有什么不同。

也许，我们每个人的心里都有一个执着的愿望，只是一不小心把它丢失在了时间里，让天下间最容易的事变成了最难的事。所以，天下事最难的不过十分之一，实际能做成的有十分之九。想成就大事业的人，只有用恒心来成就它，以坚韧不拔的毅力、百折不挠的精神、排除一切干扰的耐性作为涵养恒心的要素，去实现人生的目标。

这个世界上，有一种人，寂寂无声，却恒心不变，只是默默地努力着，坚持到底，从不轻言放弃。耐性与恒心是实现梦想的过程中不可缺少的条件。耐性、恒心与追求结合之后，便形成了百折不挠的巨大力量。事业如此，德业亦如是。每个人的成长都是一个漫长而坚毅的过程。

古代有个叫养由基的人精于射箭，能百步穿杨。有一个人很羡慕养由基的射术，决心要拜养由基为师。经几次三番的请求，养由基终于同意了。

收他为徒后，养由基交给他一根绣花针，要他放在离眼睛几尺远的地方，集中注意力看针眼。看了两三天，这个人有点疑惑，问养由基："我是来学射箭的，什么时候教我学射术呀？"养由基说："这就是在学射术，你继续看吧。"没几天的工夫，这个人便有些烦了。他心想：我是来学射术的，看针眼能看出什么来呢？他不会是敷衍我吧？

养由基教他练臂力的办法，让他伸直手臂，一天到晚在掌上平端一块石头。这样做很苦，这个人又想不通了。他想：我只学他的射术，他让我端这石头做什么？于是他很不服气，不愿再练。养由基见此，就由他去了。

后来，这个人又跟别的老师学艺，最终也没有学到一门技术。

如果这个人多一点耐心和毅力，愿意从基础一点一点学起，他一定会有所收获的。俗话说："欲速则不达。"做人做事需忍耐，步步为营。凡是成大事者，都力戒"浮躁"二字。只有踏踏实实地行动才可开创成功的人生局面。

一位青年问著名的小提琴家格拉迪尼："你用了多长时间学琴？"格拉迪尼回答："20年，每天12小时。"也有人问基督教长老会著名牧师利曼·比彻为那篇关于"神的政府"的著名布道词，准备了多长时间。牧师回答："大约40年。"

莎士比亚说过："不应当急于求成，应当去熟悉自己的研究对象，锲而不舍，时间会成全一切。凡事开始最难，然而更难的是何以善终。"我们与大千世界相比，或许微不足道，不为人知，但是我们如果耐心地增长自己的学识和能力，当我们成熟的那一刻，将会有惊人的成就。

先蛰伏，再成功

每个人都会有一段蛰伏的经历，在为成功而默默奋斗。在这个时候，你需要的不是浮躁和怨天尤人，而是耐心地做好你现在要做的事。

每个夏天，我们都能听到在高树繁叶之中蝉的清脆鸣叫。它们有透明的羽翼，在风中鸣叫得很惬意。其实，这些蝉一生中绝大部分岁月是在土中度过的，只是到生命的最后两三个月才破土而出。

人的生命历程其实也是这样，每一个希冀成功的人，也必须有长时间蛰伏地下的经历，好好磨炼自己，好好培养自己。

作为第一位登上国际权威财经杂志《福布斯》封面的中国大陆企业家，马云曾有过一段鲜为人知的往事。他就读于杭州师范学院时，一心想创业。临近毕业，马云将被分到杭州电子工学院当英语老师。当老师显然与他的创业理想差距很大，他感到非常迷茫。这天，他在校门口闲逛散心，正好遇到了校长。校长很关心马云的发展，亲切地与他交谈起来。马云直言不讳地说："我希望自己能够去创业，当一名教师则心有不甘。"校长没有多说什么，只是要马云许下一个承诺：到了杭州电子工学院，5年不许出来。马云并不懂得校长这么做的真实意图，但出于尊重，他答应了。到学校教书后，一个月工资只有92块钱，马云一直勤勤恳恳地工作。后来，一个机会摆在了马云面前——深圳一家单位邀请他加盟，月薪1200。92与1200，何去何从？马云想到自己的承诺，咬咬牙，坚持了下来。第三年，海南一家公司开出月薪3600，而学校还是90多块钱，马云思忖再三，还是决定坚守承诺。就这样，他在学校里教了5年书，失去了很多眼前的利益，但却得到一样让他终身受用的东西：懂得了什么叫作浮躁，什么叫作沉住气。

马云的成长历程包含着一个简单的道理，作为一名尚未成功的蛰伏者，你必须沉住气，耐心地做好你现在要做的事，脚踏实地地前进。终有一天，成功会降临到你头上。沉住气并不是让自己始终处于低处，而是一种积累，一种沉淀，等待时机，不断地为自己积蓄力量，蓄势待发，一飞冲天。

饭要一口一口地吃，任何人都不可能"一步到位"，只有一步一个脚印地走下去，才能取得成功。人生中的每一步对于实现成功目标来说都很重要，任何事情的发展都需要一个逐步提升的阶段性过程，任何宏伟目标的实现都需要一个逐步积累的过程。尽心尽力、踏踏实实地工作，就能实现梦想。生活中，我们要学会蛰伏，在磨炼和努力中耐心等待成功的到来。

在诱惑前止步，在寂寞中突破

人生的大部分时间都是在重复琐碎、乏味的事，然而，往往这些乏味、无趣、寂寞的琐事，奠定了一个人成功的基础。所谓三百六十行，行行出状元，说的就是即便在平凡的岗位上，只要树立正确的心态，能够承受寂寞，努力肯干，就会在这个领域脱颖而出。

其实寂寞是最难克服的，成功的途中你可能遇到挫折、孤独、他人的嘲笑，这些东西只要你有一颗坚定的心就能战胜。然而，寂寞是在追求成功过程中最可怕的对手。它悄无声息地潜伏在你的身边，随时都可能乘虚而入，企图击溃你。不过，换而言之，承受寂寞的同时也是在等待成功。不断克服寂寞，也就更靠近成功。

在成名之前，刘若英一直忍受着寂寞和无助。放眼演艺圈，她的长相并不出众，这是她追求自己梦想的一大障碍。当年的刘若英，为了追求自己的梦想，四处发放自己录制的小样，并想尽一切办法在相关的地方打工。

一天，一位著名的音乐人听了她的歌后，对她说："你的声音和你的长相一样没特色，这样你很难在歌坛立足。你还是别做梦了！"可是这些话并没有熄灭刘若英对成功执着的心。她在打工的公司仍然每天端茶、倒水，帮助歌手制作演出时间表，替歌手管理服装……寂寞和无助并没有打败这个女孩对梦想的渴望，她在离自己梦想最近的地方默默地努力着。

终于有一天，她的音乐被人赏识。她完成了自己的梦想。刘若英就这样笑着在灯光汇聚的舞台，用她温暖但并不惊艳的声音感动了台下的观众，渐渐成为一位有名的歌手。

无论迎接自己的是赞美还是嘲讽，刘若英都没有放弃梦想，一个人默默地走向成功。她所忍受的寂寞和苦痛难以想象，然而正是这份寂寞和苦痛造就出一颗对音乐执着的心。谁没有遭遇过寂寞？谁不想摆脱寂寞？寂寞是一个人成长中必须要克服的难题。一个人耐得住寂寞，才能迎来成功时的掌声和赞扬。

在成功来临之前，人都要冷清度日，承受无尽的寂寞。但当你换个想法，将这份寂寞视为人生给予的礼物，小心地接受保存，总有一天能换取更丰厚的回报。

曾经有一位美国著名的心理学家做了一个历时很久的跟踪性实验。实验开始时，他找到一群4岁大的孩子并给每个孩子发了一颗好吃的糖果，同时告诉这些孩子，如果他们能够等20分钟再吃，就能吃两颗。面对糖果，许多孩子都禁不住诱惑，马上吃掉手中的糖。但是，有几个孩子却为了能多吃一颗糖果，选择等待。为了打发漫长的20分钟，这些孩子想尽了办法，他们有的唱歌，有的跳舞，甚至有的睡觉，总之他们都很聪明地将自己的注意力从糖果上转移开，不去看也不去想。20分钟过去了，这些愿意等待的孩子，最终吃到了两颗糖果。

实验进行到这里并没有结束，工作人员将在4岁时就能等待吃两颗糖的孩子视作一组，将那些迫不及待吃糖的孩子视为另一组，跟踪记录。到了少年时期，这两组儿童的对比变得更加明显。那些善于等待的孩子依旧善于等待，面对成功不急于求成。而那些拿到糖果就吃掉的孩子，却表现出了固执、优柔寡断和压抑等个性。

等孩子们上中学时，结合对孩子父母以及任课教师的调查结果，证明那些4岁就能忍受20分钟换取第二颗糖果的孩子多半成长为适应性较强，具有冒险精神，更受人喜欢，比较自信且独立的少年。相比之下，那些幼年时期经受不住糖果诱惑的孩子可能变得孤僻、易受挫、抗压性差。

随着时间的推移，研究人员发现那些能够为了多获得一颗糖果等待的孩子比缺乏耐心的孩子更容易成功，学习成绩也相对好些，在后来的事业中表现得更出色。

在这个实验中，糖果相当于成功，面对成功的诱惑，善于等待、甘于寂寞的人往往离成功更近一步。过早地屈服于诱惑，不甘寂寞只会远离即将到手的成功。

当人们对梦想有憧憬，对成功有渴望的时候，面对种种诱惑，有些人会难以忍受追求成功的寂寞，从而半途而废远离成功，而那些为了成功，为了达成目标忍受住寂寞，拒绝诱惑的人则会在成功的路上走得更远，获得更大的成就。人们都说忍得住寂寞，才守得住繁华。在成功人生获得的每一份掌声和鲜花背后，都有一颗对梦想执着、承受寂寞的心。

别着急，属于你的，岁月都会给你

王国维在《人间词话》里说："古今之成大事业、大学问者，必经过三种境界：'昨夜西风凋碧树，独上高楼，望尽天涯路'，此第一境也；'衣带渐宽终不悔，为伊消得人憔悴'，此第二境也；'众里寻他千百度，蓦然回首，那人却在灯火阑珊处'，此第三境也。"第一境界"昨夜西风凋碧树，独上高楼，望尽天涯路"是说要有一颗甘于寂寞的心，甘于为事业献身；第二境界"衣带渐宽终不悔，为伊消得人憔悴"，在不断的追求中费心费力，倾注自己的心血；第三境界"众里寻他千百度，蓦然回首，那人却在灯火阑珊处"，在不断的追求和付出中"意外"地成功。

而在现实的社会中，这种甘于寂寞的人越来越少，快节奏的生活让人变得浮躁，为了眼前的小利而蠢蠢欲动，一味地追求所谓的利益，没有一颗能够坚持梦想的心，最后什么利益也没有得到，只是害了自己。

刚刚大学毕业的小张是从农村出来的，开始走上工作岗位拿到的薪水还算不错。但是，他给自己施加的心理压力很大。他从小家境贫寒，父母终日在田地里辛苦耕作，用省吃俭用积攒下来的钱供他读书，因此他一直希望有朝一日能在城里买房，接父母来住。虽然他生活已经很节约了，但是每月将房租、饭钱、交通费、通讯费等生活必需费用扣除之后，几乎所剩无几。而城里的房价飞涨，物价也在上涨，这些都使他的心境难以平静。这就使他萌生跳槽的念头，于是他开始四处搜集招聘信息，希望能够跳到一家薪水更高的公司。

可以想象，他脑袋里有这个念头，就难以专心工作了。不久，他的上司就觉察出了他的问题，他做的方案漏洞百出、毫无新意，甚至出现很多错别字，明显可以看出是在敷衍了事，没有用心去做。于是，上司找他谈话，不料刚批评几句，小张不仅没有承认自己的问题，反而质问上司："你给我这么点薪水，还希望我能做出什么高水平的方案来！"上司这才意识到，小张的情绪源于薪水低。上司并没有生气，反而平静地告诉小张："公司里的薪水并不是一成不变的，只要你做出了业绩，薪水自然会上去的。真正决定你薪水的不是公司，不是老板，而是你自己。"但是，小张根本听不进去，刚工作不到半年的他毅然决定辞职不干了。

辞职后，他开始专心找薪水高的工作，凭着他的聪明才智，很快又应聘到另外一家公司，这家公司的薪水比之前的公司高出了1000元。这让小张非常庆幸。刚工作3个月，小张偶尔从同事那里了解到，同行业里的另一家公司薪水比现在的公司还要高。这使小张本来平静的心又一次波动起来。他开始关注那家公司的消息。本来他所在的公司打算让他负责一个重要的项目，要出差到外地的分公司半年，虽然辛苦，但是能够为以后在公司的晋升奠定基础。

但是，小张一心想要跳到另一家公司，根本无心继续待下去，拒绝了这个在别人看来千载难逢的好机会。于是，小张在公司老板的心里就留下了不思进取的印象。在金融危机袭来的时候，公司裁员，小张不幸被裁掉。当他再去找工作的时候，几乎所有的面试官都会问他同一个问题："为什么你在不到一年的时间就换了两份工作？"

对于一个刚走上社会的人，最忌讳的是沉不住气。不能看到眼前的利益，就失去了对于自己能力的评估，也忘了自己踏踏实实学习的初衷。金钱并不是衡量成功的唯一标准，人生永远不忙的一件事是去挣钱，如果你拥有足够的能力，不会缺少这些机会。如果只是计较眼前的小利，而放弃坚持和学习，是一件多么得不偿失的事情。工资有价，但是经验和能力无价，不沉下心来学习是无法得到的，自视甚高的智力资本在经验和能力前不值得一提。

现代社会中的每个人都在为自己的梦想而奋斗，这个过程是长期的且枯燥的，是需要一步一步的坚实的付出的，没有所谓的捷径。在实现梦想的过程中，会有很多的诱惑，出现很多所谓的捷径，但是这些并不能帮助你去实现梦想，只能让你距离自己的梦想越来越远。真正实现梦想的过程是一个不断沉淀、不断积累，然后厚积薄发的过程。这个过程，容不下三心二意，容不下朝秦暮楚，只有甘于"独上高楼，望尽天涯路"，沉浸在自己的梦想实现过程中，并为之有"衣带渐宽终不悔，为伊消得人憔悴"的努力，才能够收获"那人却在灯火阑珊处"的美景。

第六章

你现在『拼』了，
未来才有『比』的资格

这个世界，只以结果论英雄

大多数人最向往的一件事就是，能够有一条绝妙的计策在手，把难以办成的事办成。是的，每个人做事都不一定顺手，有的会曲曲折折，费了九牛二虎之力，尚无好结果。当然也不排除，有些人神通广大，能力超强，一下就能做成事情。但前者毕竟是多数，后者毕竟是少数。天下事都是人做出来的，什么样的想法就可以导致什么样的行动，什么样的行动就可以引发什么样的结果。

办事动脑筋、有章法的人可能有一两件事暂时做不成，但最终总会大功告成，做到让左右人叹为观止。反之，有的人可能就会由着性子来，想到哪儿做到哪儿，不计后果，这种"莽汉式"做事方法多半是撞大运，成败全看天意。

所谓高明、有智慧的人，不过是能够见人所未见，并且能够创造形势，以利于自己的未来与期望。而平凡人之所以为平凡人，就是因为充满片断之见，或者常常错误联结，以至于沦为"智慧"舞台的观众。

以下是战国纵横家苏秦"妙算"未来的精彩故事，读来似乎有些神奇。

苏秦和张仪都是鬼谷子的学生，但苏秦比张仪早出道。话说苏秦提出"合纵"之策，取得了各方诸侯的信任，身挂六国相印，声名赫赫的时候，张仪却还是个默默无闻的穷书生。尽管如此，在苏秦的眼中，张仪绝对是个不世出的人才，迟早都会冒出头来。

在苏秦声望如日中天的时候，他唯一担心的是秦国这个难缠的国家。为了避免秦国离间各个诸侯，破坏他苦心经营的六国联盟计划，苏秦可以说是绞尽脑汁，最后决定运作一个人去当秦国宰相，以利于操控，而张仪便是他口袋中的最佳人选。

当然，这种预先"埋暗桩"的做法并不容易，必须有精妙的安排。于是，苏秦先派人去游说、设计张仪，让张仪为了功成名就，而主动来求见他。结果，张仪真的来到了赵国，想要求见苏秦。

在苏秦的布局中，他事先交代守卫，不要为张仪通报，但也要想办法不要让张仪马上离开。

经过几天的冷处理，苏秦才让张仪见到自己。但是，见面时，苏秦却又故意摆姿态，一副爱理不理的模样，让张仪在堂下如坐针毡；到了吃饭的时候，苏秦更随随便便地吆喝张仪去跟奴仆坐一块儿。

张仪快要气炸了，哪还吞得下一口饭，苏秦见状立刻将激将气氛拉到最高点，以很不屑的口吻对张仪说："以你的才能，竟然贫困、卑贱到这种地步，实在是难以想象。"而且还火上浇油地说："以我目前的身份地位，当然有办法一句话就让你马上富贵临门，但是看到你现在的样子，我认为实在不值得我这样做。"说完，便下逐客令，要张仪立刻消失。

经过这一番羞辱，张仪当然是气得说不出话来，恨不得马上给苏秦一刀，不过理智告诉他，君子报仇，十年不晚。张仪思来想去，觉得只有秦国才有办法制伏赵国，于是便打算进入秦国寻找机会，以便他日报苏秦一"辱"之仇。

就在张仪气冲冲掉头走人的时候，苏秦早已安排好，向赵王请求配合，让自己的一名亲信跟随在张仪左右，而且还送了一套车马和很多金钱，方便张仪四处打点。

就这样，张仪很快便见到了秦王，没过多久，也如愿以偿地得到了礼遇与信任，而且还与秦王进一步讨论到如何攻伐诸侯的策略。

这个时候，苏秦派来的那名亲信，觉得任务已经完成，便向张仪告辞，准备要回赵国。

张仪不舍地说："我靠你的帮忙，才有机会出头，正想要报答你的知遇之恩，为何现在就要回去呢？"

这名亲信随即回答说："我并不了解你，了解你的是我的主人苏秦。现在老实告诉你好了，苏秦是因为担心秦国攻伐赵国，破坏他的合纵之策，更重要的是，他认为你具有足够的才识，可以掌握秦国的大政，所以才故意激怒你，让你投奔秦国。而资助你的那些钱财，也都是苏秦安排的。现在，我的任务已经完成，要回去交差了。"

张仪这时才恍然大悟，并感叹地说："我被苏秦掌握在股掌之间，却不自知，显然我的才能并不如苏秦，如何打得过赵国呢？"

张仪便要这名亲信回去后代他向苏秦表示感谢，同时捎了口信向苏秦保证，在苏秦担任赵国宰相期间，秦国绝不攻打赵国。就这样，在苏秦担任赵国宰相期间，张仪果然都未曾计划攻打赵国。

苏秦是否真有如此"通天本领"，将世局的"轨迹"掌握得如此精准，几近左右历史的走向，不无疑问。但他这段识人、识才的故事，的确发人深省。

大人物做大人物的事，平凡人走平凡人的路。人世间的是是非非、因因果果，尽管错综复杂，却也不是毫无轨迹可寻。如果愿意费心体察，或许就容易看得见它的细微之处，或者是隐而未发的轨迹；而掌握得愈深入、愈贴近，也必然更有趋吉避凶或主宰未来的能力与机会。机遇不会每天都幸运地光顾，做大事，还是要用心筹谋的。

努力必须张扬，人生才有锋芒

古人所言"沉默是金"的年代，早已一去不复返，现代人如果不懂包装自己的形象，不会把握机会推销自己，就很难有出人头地的机会。

有个有名的才女，不但琴棋书画无所不通，口才与文采也是常人难与之比肩的。大学毕业后，在学校的极力推荐下她去了一家小有名气的杂志社工作。谁知就是这样一个让学校都引以为豪的人，在杂志社工作不到半年就被炒了鱿鱼。

原来，在这个人才济济的杂志社内，每周都要召开一次例会，讨论下一期杂志的选题与内容。每次开会大家都争先恐后地表达自己的观点和想法，只有她总是悄无声息地坐在那里一言不发。她原本有很多好的想法和创意，但是她有些顾虑，一是怕自己刚刚到这里便"妄开言论"，被人认为是张扬，是锋芒毕露；二是怕自己的思路不合主编的口味，被人看作是幼稚。就这样，在沉默中她放弃了一次又一次展现自己的机会。有一天，她突然发现，这里的人们都在力陈自己的观点，似乎已经把她遗忘在那里了。于是她开始考虑要扭转这种局面。但一切为时已晚，没有人再愿意听她的声音了，在所有人的心中，她已经根深蒂固地成了一个没有实力的花瓶人物。最后，她终于因自己的过分沉默而失去了这份工作。

我们常说沉默是金，但也不能忘了，沉默同时也是埋没天才的沙土。

或许在某种特殊的场合下，沉默谦逊确实是一种"此时无声胜有声"的制胜利器，但无论如何你也不要把它处处当作金科玉律来信奉。在人才竞争中，你要将沉默、踏实、肯干、谦逊的美德和善于表现自己结合起来，才能更好地让别人赏识你。

记住：再好的酒也怕巷子深。如果想在现代社会谋得一席之地，除了自己努力之外，还要把握机会适时展现自己的优点。

现在是一个讲究张扬自己个性的时代，尤其是身处职场上的人们，在关键时刻恰当地张扬也就是"秀"一下，不失为一个引起领导注意的好办法。

一位刚从管理系毕业的美国大学生去见一家企业的总经理，试图向这位总经理推销自己——到该企业工作。

由于这是一家很有名气的大公司，总经理见多识广，根本没把这个初出茅庐、乳臭未干的小伙子放在眼里。没谈上几句，总经理便以不容商量的口吻说："我们这里没有适合你的工作。"

这位大学生并未知难而退，而是话锋一转，柔中带刚地向这位总经理发出了疑问："总经理的意思是，贵公司人才济济，已完全可以使公司得到成功，外人纵有天大本事，似乎也无需加以利用。再说像我这种管理系毕业生是否有成就还是个未知数，与其冒险使用，不如拒之于千里之外，是吗？"

　　总经理沉默了几分钟，终于开口说："你能将你的经历、想法和计划告诉我吗？"

　　年轻人似乎很不给面子，他又将了总经理一军："噢！抱歉，抱歉，我方才太冒昧了，请多包涵！不过像我这样的人还值得一谈吗？"

　　总经理催促着说："请不要客气。"

　　于是，年轻人便把自己的情况和想法说了出来。总经理听后，态度变得和蔼起来，并对年轻人说："我决定录用你，明天来上班，请保持过去的热情和毅力，好好在我们公司干吧！相信你有用武之地。"

在竞争的世界里，愿你昂首挺胸

　　80% 的收获，来自于 20% 的付出。如果我们能够进一步知道，产生 80% 收获的，究竟是哪 20% 的关键付出，那么我们就能事半功倍了。

　　人们做什么事总是有所选择的，这个选择的过程，也是决策的过程。大家常说"拿得起，放得下"，表现一种姿态，一种决断，讲的也是这个意思。

100 多年前，美国加州因发现金矿而吸引了大批淘金者，犹太人李维·斯特劳斯是其中之一，但现实却让他大失所望，他不得不另寻出路。一天，李维和一位疲惫不堪的矿工聊天，这位矿工抱怨说："唉，我们一整天拼命地工作，裤子破了也顾不上补。要是有特别结实耐磨的裤子就好了。"李维眼前一亮：帆布不是耐磨的布料吗？不久，牛仔裤的前身——由帆布制作的工装裤诞生了，并从加州迅速推广开来。之后李维不断改良，推出了倍受欢迎的牛仔裤，由当初的贫困淘金者一跃而成为世界"牛仔裤大王"。

李维淘金失败，却发现了"金点子"，生产耐穿的帆布工装裤。"弃金做裤"的成功就在于李维独具慧眼，另辟蹊径，善于在现实生活中发现被行业忽视的市场需求，并迅速提供适用的产品，及时填补市场上的消费空白，从而获得不比淘金差的经济收入。

拿破仑·希尔课题组编著的《我贫穷 我奋斗》一书中讲述了这样一个淘金故事：

19 世纪中叶，不少人听说美国加州有金矿纷纷奔赴该地淘金。

17 岁的小农夫亚默尔也加入淘金者的队伍，渴望圆"淘金梦"。然而，由于加州环境恶劣，气候干燥，加之水源奇缺，许多不幸的淘金者不但没有淘到金子，反而丧命于此。小亚默尔也被饥渴折磨得半死。就在他整天为自己淘不到金子而困惑、苦恼时，却突发奇想：这里不是缺水吗？何不将手中挖金矿的工具变成挖水渠的工具呢？于是，他从远方将河水引入水池，用细沙过滤，变成饮用水，并装进桶里，挑到山谷一壶一壶地卖给那些饥渴的淘金者。

很多淘金者虽解了渴，但对他却不屑一顾：置身淘金宝地，不挖金子而卖水，捡了芝麻丢了西瓜，还能有啥出息？小亚默尔却义无反顾地坚信自己的选择。结果，很多淘金者空手而归，而他则靠卖水赚到一笔可观的收入。

小亚默尔和众多的淘金者一同来到加州，很多人的遭遇惨不堪言，而他却摘取了沉甸甸的果实。和其他淘金者相比，难道他的条件更优越？难道他的实力更雄厚？其实都不是，最重要的一点就在于他能保持清醒的头脑，正确分析自己所处的环境，并果断放弃原先确定的虚无缥缈的目标而另辟蹊径，从平凡中奋起，从解决淘金者的饥渴需求做起，从而取得成功。

"淘不到金子就卖水"，从某种意义上讲，是人生的一种睿智、一种豁达、一种境界。一个人有了这样的人生境界，就能自觉地正确对待自己，正确对待机遇，正确看待事业，就能在激烈的市场竞争中，另辟蹊径，寻找机遇，选择切合自身实际的事业。

我国唐代，有位茶商到南方贩茶叶，可等他到达目的地时，当地的茶叶早就被比他先到的商人收购一空，千里迢迢来收购茶叶，却两手空空，怎么办呢？情急之中他心生一计，将当地用来盛茶叶的篾篓全部买下。不久，当比他先到的商人欲将所购的茶叶运回时，才发现街上已无箩筐可买了，只好求助于这位商人。

他因此"绝处逢生"，发了一笔大财。

在"第一落脚点"难以成功之时，静下心来，做出调整，因地制宜，另辟蹊径，去努力寻求"第二落脚点"，未尝不是取胜之道。

威廉·詹姆斯说过："明智的艺术就是清醒地知道该忽略什么的艺术。"不要被不重要的人和事过多打搅，因为成功的秘诀就是抓住目标不放，而不是把时间浪费在无谓的牺牲上。

一个比较明智的生活方式，就是决定哪些战斗值得投入，哪些最好回避。

卡尔森曾忠告美国年轻人：明智地选择你的战斗，要想获得成功，这句话十分重要。在人的一生中充满了机会，每个人都可以选择小题大做，也可以一笑置之，甚至不必在意。但是你明智地选择你的战斗，在有些时候是决定一生成败的关键。

人生没有绝对的安稳，终有一天你会奋不顾身

挪威人非常爱吃沙丁鱼，渔民们如能将活的沙丁鱼带到市场，不仅能吸引人们竞相购买，而且还可卖出高价。为此，渔民们想尽办法延长沙丁鱼的生存时间，却总收不到显著效果。然而有一艘渔船却让沙丁鱼成功地活了下来，由于该船的船长对其做

法秘而不宣，外人一直十分好奇。直到这位船长去世后，秘密才被揭开。原来他在鱼槽里放了一条大过沙丁鱼几倍的鲇鱼，沙丁鱼放入鱼槽后，发现了鲇鱼，非常紧张，于是左冲右突，跳跃不停，这么一来，沙丁鱼活蹦乱跳地被运回了渔港。

这位船长的秘密就是将沙丁鱼置于危险的环境中，让它们产生危机感，有了危机感就有了活力。人类也一样，需要有危机意识，有了紧迫感才有动力。因此我们应该把自己投入到竞争中去，在竞争中追求进步。

社会心理学家曾经做过一个关于骑自行车的有趣的实验，得到了这样的实验结果：单独一个人骑车时，平均时速为25公里；有人跑步伴随时，平均时速为31公里；和其他人骑车竞赛时，时速为32.5公里。心理学家认为，造成这种差距的原因，就是他人的存在导致了竞争，因竞争而提高了效率。

竞争可以激发一个人的潜能和创造力。

海湾战争之后，美国军方提出了战争状态下士兵的"生存能力"比"作战能力"更为重要的全新理念。于是一种被称之为"艾布拉姆"式的M1A2型坦克开始陆续装备美国陆军，这种坦克的防护装甲在当时被称为世界上最坚固的装置，它可以承受时速超过4500公里、单位破坏力超过1.35万公斤的打击力量，而这种力量被美方武器专家形容为"可以轻易地将一只球捧送上月球"。那么，M1A2型坦克这种品质优异的防护装甲是如何研制出来的呢？

乔治·巴顿中校是美国陆军中最优秀的坦克防护装甲专家之一，他接受研制 M1A2 型坦克装甲的任务后，立即找来了他的"冤家"搭档——毕业于麻省理工学院的著名破坏力专家迈克·马茨工程师。两人各带领一个研究小组开始工作，所不同的是，巴顿带领的是研制小组，负责研制坚固的防护装甲；迈克·马茨带领的则是破坏小组，专门负责摧毁巴顿已研制出来的防护装甲。一场破坏与反破坏的竞争就此开始了。

刚开始的时候，马茨带领的小组总是能轻而易举地将巴顿小组研制的新型装甲炸得粉碎，失败后的巴顿小组总结教训后进行改善。如此反复多次，随着时间的推移，一次一次地更换材料、更换设计方案，终于有一天，马茨破坏小组使尽浑身解数也未能奏效。于是，世界上最坚固的坦克在这种近乎疯狂的"破坏"与"反破坏"试验中诞生了，巴顿与马茨这两个技术上的"冤家"也因此而同时荣获了紫心勋章。巴顿中校事后说："事实上问题是不可怕的，可怕的是不知道问题出在哪里，于是我们英明地决定'请'马茨做欢喜冤家，尽可能地用激将法迫使他帮我们找到问题，从而更好地解决问题。这方面他真的是非常棒，帮了我们大忙。"

巴顿无疑是英明的，他将自己置于竞争的环境当中，让竞争来激发自己的潜能和创造力。如果没有破坏力专家马茨的压迫，可能巴顿也研制不出 M1A2 型坦克配备的这种在当时最坚固的防护装甲。

竞争有利于激发我们的精神力量，所以我们应该培养一种竞争意识，用积极的心态去面对竞争。

1860 年，林肯当选为美国总统。有一天，银行家巴恩到林肯的总统官邸拜访，正巧看见参议员萨蒙·蔡思从林肯的办公室走出来。于是，巴恩对林肯说："如果您要组阁的话，千万不要将此人选入您的内阁。"林肯奇怪地问："为什么？"巴恩说："因为他是个自大成性的家伙，他甚至认为自己比您伟大得多。"林肯笑了："哦，除了他以外，您还知道有谁认为自己比我伟大得多？""不知道。"巴恩答道，"不过，您为什么要这样问呢？"林肯说："因为我想把他们全部选入我的内阁。"

事实证明，巴恩的话是对的。蔡思果然是个狂态十足、极其自大，而且妒忌心极重的家伙。他狂热地追求最高领导权，本想入主白宫，不料落败于林肯，于是只好退而求其次，想当国务卿。可是林肯却任命了西华德为国务卿，无奈，蔡思只好当了林肯政府的财政部长。为此，蔡思一直怀恨在心，愤懑不已。不过，这个家伙确实是个大能人，在财政预算与宏观调控方面很有一套。林肯一直十分器重他，并通过各种手段尽量减少与他的冲突。

后来，目睹过蔡思的种种作为，并收集了很多资料的《纽约时报》主编亨利·雷蒙德拜访林肯的时候，特地告诉他蔡思正在狂热地上蹿下跳，谋求总统之位。林肯以他一贯特有的幽默对雷蒙德说："亨利，你不是在农村长大的吗？那你一定知道什么是马蝇了。有一次，我和我的兄弟在肯塔基州老家的农场里耕地。我牵马，他扶犁。偏偏那匹马很懒，老是磨洋工，可有一段时间它却在地里跑得飞快，我们差点都跟不上它了。到了地头，我才发现，有一只很大的马蝇叮在了它的身上，于是我把马蝇打落在地。我的兄弟问我为什么要打掉马蝇，我告诉他，不忍心让马被咬。我的兄弟说：'哎呀，就是因为有那家伙，这匹马才跑得那么快。'"然后，林肯意味深长地对雷蒙顿说："现在正好有一只名叫'总统欲'的马蝇叮着蔡思先生，那么，只要它能使蔡思那个部门不停地跑，我还不想打落它。"

林肯明白有一只叫"总统欲"的马蝇叮着蔡思，蔡思就会拼尽全力将自己的工作做好。同样，蔡思这只"马蝇"也在叮咬林肯自己，所以林肯自己也会感到压力而激发动力。因此这种良性竞争再好不过了，何必将这只"马蝇"打掉呢！

竞争在很多方面都是有益的，市场经济的核心内容就是竞争，这是世人皆知的道理。世界级的大企业家，无一不具有强烈的竞争意识。比尔·盖茨具有赛车手的竞争心态，新闻电视网之父特纳是一个"百折不挠的竞争者"。索尼公司的创始人盛田昭夫认为竞争是工业和工业技术发展的关键。可见，竞争意识是成功人士的特质之一，也是创业者必备的素质之一。成功人士不是天生的强者，他们的竞争意识并非与生俱来，而是在后天的奋斗中逐渐形成的。通过学习，你也能有胆有识，敢于竞争。有时候，向任何人学习都不如向对手学习更有效，也更有益。

在我们的工作和生活中，当我们为了某一项事业而拼搏的时候，一定会遇到各种各样的竞争。竞争虽然有其残酷的一面，但我们更应该看到它积极的一面，将压力化为动力。列宁曾经这样评价竞争的积极面："在相当广阔的范围内，竞争可以培植人的进取心、毅力、胆识和首创精神。"一粒沙子嵌入蚌的体内后，它将分泌出一种物质来疗伤，时间长了，便会逐渐长成一颗晶莹的珍珠。

因此我们实在没有理由拒绝竞争，而应该昂首相迎，即便是在没有竞争的环境下也要为自己找出几个对手，让竞争激励自己不断前进。

苦只会苦一阵子，怕就会输一辈子

踏入社会的你也许在自己的工作岗位上遭遇了能力强劲的对手，你愤恨、不屑、嗤之以鼻，甚至嫉妒得抓狂。其实，对手所给予我们的，不仅仅是危机和斗争，更是激发我们求生和求胜之心的动力。

在秘鲁的国家级森林公园，生活着一只美洲虎。由于美洲虎是一种濒临灭绝的珍稀动物，全世界都很少，因此为了很好地保护这只美洲虎，秘鲁人在公园中专门辟出一块近20平方公里的森林作为虎园，还精心设计和建造了豪华的虎房，好让它自由自在地生活。

虎园里森林茂密，百草芳菲，沟壑纵横，流水潺潺，并有成群人工饲养的牛、羊、鹿、兔供老虎尽情享用。凡是到过虎园参观的游人都说："如此美妙的环境，真是美洲虎生活的天堂。"

然而，让人感到奇怪的是，美洲虎从不去捕捉那些专门为它预备的"活食"，也从没有人看见它王者气十足地纵横于山川，啸傲于丛林，它只是耷拉着脑袋，吃了睡，睡了吃，一副无精打采的样子。有人说它可能是太孤独了，若是有个伴，兴许会好一些。于是，政府又通过外交途径，从哥伦比亚租来一只母虎与它做伴，但结果还是老样子。

一天，一位动物行为学家到森林公园参观，见到美洲虎那副懒洋洋的样子，便对管理员说："老虎是森林之王，在它所生活的环境中，不能只放上一群整天只知道吃草，不知道猎杀的动物。这么大的一片虎园，即使不放进去几只豹子，至少也应放上两只狼，否则，美洲虎无论如何也提不起精神。"

管理员听从了动物行为学家的意见，不久便从别的动物园引进了几只狼投放进虎园。这一招果然奏效，自从狼进入虎园的那天，这只美洲虎就再也躺不住了。它每天不是站在高高的山顶愤怒地咆哮，就是犹如飓风般俯冲下山冈，或者在丛林的边缘地带警觉地巡视和游荡。老虎那种刚烈威猛、霸气十足的本性被重新唤醒。它又成了一只真正的老虎，成了这片广阔的虎园里真正意义上的王者。

一种动物如果没有竞争对手，就会变得死气沉沉。同样，一个人如果没有对手，那他就会甘于平庸，养成惰性，最终庸碌无为。一个群体如果没有竞争对手，就会丧失活力，丧失生机。一个行业如果没有了对手，就会丧失进取的意志，就会因为安于现状而逐步走向衰亡。

美洲虎因为有了狼这样的对手，才重新找回了逝去的荣光。有了对手，才会有危机感，才会有竞争力。有了对手，你便不得不奋发图强，不得不革故鼎新，不得不锐意进取，否则，就只有被吞并，被替代，被淘汰。

请记住：对手所给予我们的，不仅仅是危机和斗争，更是激发我们求生和求胜之心的动力。所以，善待你的对手吧！因为他的存在，你才能永远做一只威风凛凛的"美洲虎"，你的生命也才会活得更精彩。

善待你的对手，千万别把他当成"敌人"，而应该把他当作你的一剂强心针，一部推进器，一条警策鞭。对于在职场中奋斗的人来说，当你学会了感激、欣赏和帮助对手的时候，就是人格走向成熟的时候。欣赏、理解、包容自己的对手，看淡结果的得与失，那么你的心态也会平和、宁静。这样一来，在面对竞争对手的时候，你可以气定神闲地迎接挑战。胜利了，赢得辉煌；失败了，同样美丽。

康熙帝在执政满六十年之际，特举行"千叟宴"以示庆贺。宴会上，康熙敬了三杯酒：第一杯敬孝庄太皇太后，感谢孝庄辅佐他登上皇位，一统江山；第二杯敬众位大臣及天下万民，感谢众臣齐心协力尽忠朝廷，万民俯首农桑，天下昌盛；第三杯则敬给了他的敌人，吴三桂、郑经、噶尔丹还有鳌拜。众大臣目瞪口呆、迷惑不已。看着众人不解的神情，康熙继而解释道："是他们逼着我建立了丰功伟绩，没有他们，就没有今天的我，因此我感谢他们。"

康熙八岁继承皇位，先后面对鳌拜、吴三桂、郑经、噶尔丹等对手，是这些对手让康熙逐渐变强大，从而建立了不朽功勋。是的，我们要感谢对手，因为对手是我们的老师，竞争对手是我们需要激励自己拼尽全力去超越的目标。正是对手的存在，才使得我们的事业步步上升，才使得我们由妄自尊大变得沉着冷静，才使我们在凌空虚蹈的瞬间如梦初醒。正视对手，我们能够不断地校正方向，我们能够不停地向前方奔跑，我们能够不悔地抵达美好的未来。

尊敬和感谢对手，是他们给了我们奋发向上的动力。在人生之路上，对手既是我们的同行者，也是挑战者。是对手的挑战唤起了我们战斗的勇气和信心；对手的存在能够让我们看到自己的不足，能够让我们清楚地认识自己的长处和短处，能够激励我们不断地完善自己、超越自己。

第七章

如果你无所畏惧，

世界会加倍赏你

你若输不起，如何赢得起？

什么是失败？

不同的人有截然不同的定义。在悲观者眼中，所谓失败，就是在追求梦想的道路上出局，从此一蹶不振，甘于平庸。而在乐观而坚韧的人看来，所谓失败，只是意味着自己仍在路上，目标仍在前方，还需继续努力。

其实，失败就像在成功的道路上绕了一点远路，或者在攀向山顶的过程中不小心摔倒。这些并不意味着我们不能走到目的地，也不意味着我们永远无法到达山顶。失败只是一个小插曲，它会让人生旅程变得更加丰富和精彩，让胜利与成功来得更有价值。

钱德勒是哈佛大学的一名毕业生，他和许多人一样，期盼能够找到一份心仪的工作。不久之后，钱德勒收到了微软公司的面试通知。

钱德勒很珍惜这次面试机会，精心准备了许久。面试当天，钱德勒准时来到微软公司的人力资源部。在秘书小姐向经理进行了通报之后，钱德勒来到经理的办公室门前，轻轻敲了敲门。

这时，从办公室里传出询问声："请问是钱德勒先生吗？"

钱德勒稳重地回答："经理先生，你好，我是钱德勒。"说罢，钱德勒推开了门。

结果却出乎钱德勒的预料。经理端坐在沙发上，冷漠地注视着钱德勒。"钱德勒先生，请你回去再敲一次门。"

钱德勒并未多想，走出来，关上门，重新敲了敲门，然后推门而进。

可是，经理仍然要求他重新敲门，并说："不，钱德勒先生，这次没有第一次好。"

钱德勒返身走出经理室，重新敲门，再次踏进房间，说："先生，这样可以吗？"

这样的过程重复了10次，经理仍不满意，让他再来一次。此时，钱德勒几乎已经忘记了最初的喜悦和憧憬，甚至有些恼火。很明显，这个经理是在戏弄钱德勒。

钱德勒准备转身离开。然而，就在转身的瞬间，钱德勒改变了主意。他想起在大学中接受的关于"在失败面前继续坚持"的教育。于是，钱德勒鼓足勇气，第11次敲响了经理办公室的门。

这次，经理先生没有像前10次那样令钱德勒失望，而是以热烈的掌声表示对钱德勒的欢迎。

原来，钱德勒应聘的是微软公司的市场调查员，而对于一名出色的市场调查员来讲，超群的耐心和毅力往往比学识更重要。这次刁难正是微软对钱德勒心理素质的考察，而钱德勒用自己的坚持赢得了加入微软公司的机会。

在失败面前，再坚持一次，钱德勒正是凭借坚韧的毅力赢得了成就自己一生的机会。失败本身并不是一件让人恐惧的事情，失败仅是人生道路上必然经历的一道风景，是人们铸就成功事业的基石。

我们需懂得，失败是通向成功的必经之路，人生中的许多经验和知识是无法从课堂上学到的，而失败和挫折给了人们补充知识和增长经验的机会。更多地超越失败，自己与成功的距离才会变得更近。

年轻最大的资本就是经得起失败

不论你是刚步入社会还是已打拼多年，在成功路上奋斗的你有没有想过成功的秘诀是什么？英国前首相丘吉尔曾经给出过这个问题的答案，其实成功的秘诀十分简单，就是"决不放弃"。无论在成功的路途中遇到的是挫折还是诱惑，你都不要轻易放弃心中的追求，要经得起失败。

不轻易放弃，要求人要有坚定的意志，这既是解决问题达成目标的前提，也是一个人成功的重要基础。在那些困境面前，唯有意志坚定的人才能勇往直前。坚定的意志说来轻松，但对于每个人来说都是很难做到的一件事。人们总是找出各种各样的借口逃避，认为放弃只是无可奈何之举。殊不知，只要沉住气，哪怕再坚持一刻也许就能达成梦想。而且即便失败，还可以从头再来，失败是成功的经验，是为成功做铺垫的。

失败也是一种别样的成功。对于年轻人来说更是这样。著名节目主持人杨澜曾经说过："年轻最大的资本就是经得起失败，也敢于去面对一切的困难。"如果你能直面难题，永不放弃，所谓的失败就是成功的垫脚石。没有谁的人生是一帆风顺的，想成功的人一定要经历失败这个过程，否则又怎么会理解成功的含义。如果因为一时的失败，就放弃心中的信念，那你一辈子只能待在失败者的阴影中，郁郁寡欢。在人生的路上跌倒了并不可怕，爬起来继续走，也许成功就在不远的前方。

当然，并不是所有的失败都能铸就成功。失败了不仅要爬起来，更要思索失败的原因，对症下药，才能得到人生的真谛。对于年少轻狂的人来说，初入社会缺乏经验，没有人脉，没有钱，没有社会地位，也许会遇到各种各样的责难，然而最大的责难却来自于自身，在于缺乏自我抗争。

日本寿险业的原一平被誉为"推销之神"，这个个子不高、其貌不扬的人凭借着不肯轻易放弃的精神，开创了属于自己的一片天地。当年加入明治保险公司时，他仅仅是一个没有固定工资，没有办公桌，还要达到月平均销售额 1 万元业绩的"见习销售员"。可能有些人遇到这样没有保障的工作会立即转身离去，但是原一平却坚持了下来，他凭借着好强的心开始了自己的推销生涯。

上天并没有因为他的坚持努力而青睐于他，而是给予了他更多的磨难与考验。尽管他不放弃每一次推销的机会，却接连8个月没有一份订单。没有收入的他，不仅变得居无定所（要在公园的长椅上过夜），还每天步行上班，甚至背负着几个月房租的债务。但是他精神抖擞，在上班路上不断微笑着和行人打招呼。

就在原一平"住"到公园没几天时，他遇到了第一个客户，当地的一位商会主席。这个主席被原一平快乐的样子所感染，听闻了原一平的遭遇后，觉得原一平是个人才，就把自己的商界好友介绍给他。原一平把握住机遇后，越来越注重自身的问题。他请"村云别院"寺庙的一位得道高僧给自己指点，并且为了锻炼意志修养身心，他每周六都到那家寺庙打坐。甚至，他每个月还举办一次"批评会"，让他的同事和客户指出自己身上的不足。对于改变自己这一点，他并不是三天打鱼，两天晒网，而是坚持了6年。在这6年中，他了解到自己的欠缺，一点点地改正自己的缺点。从此之后，他工作起来也变得得心应手，从8个月零销售到全公司第一，再到全国第一。这样的成绩他保持了15年之久。

是什么让原一平取得了如此辉煌的成就？其实是那些最平凡的字眼——恒心、毅力。这些最普通的字眼就是成功者的共同之处。面试失败的原一平能够沉住气，不放弃，8个月没有订单的原一平也能沉住气，不放弃。相比之下，许多最初比他好得多的人最后也没有达成如他一样的成就，这是因为什么？是因为其他人并没有把失败当作成功的资本之一，遇到一点点挫折就放弃了。

马克思耗费了40年的心血铸就了闻名于世的《资本论》，歌德花了60年才写成《浮士德》，列夫·托尔斯泰耗尽37年才写成《战争与和平》。所谓成功，背后都有坚持不懈的精神和强大的决心支撑着，更是由数不清次数的失败奠定的。

不论你失败了多少次，总有一天你会成功。年轻人要经历一个坚持不懈努力的过程，才能锻造自己的精神，最终获得成功。正所谓"锲而舍之，朽木不折；锲而不舍，金石可镂"。经历了无数次的失败后，还能认真分析失败的原因、继续前进的人，一定能取得最后的成功。所以，年轻人一定要沉住气，不要惧怕失败，不要轻易言败，面对成功你最大的资本就是经得起失败的考验。

使人成熟的不是岁月，而是经历

人生在世，不如意事十之八九。在遇到挫折和困难的时候，只有沉得住气才能发得了力，才能激发出一个人最大的潜能。身处逆境，永远对生活充满希望，是对生命的尊重，更是发现你潜能的开始。

　　人的潜能是惊人的，很多时候，你认为承受不了的事，却往往能够不费气力地承受下来，你以前认为不可能做到的事却也做到了。相信你自己，你还在为即将到来或正发生在自己身上的不幸而担忧吗？其实，它们并不像你想象的那样可怕。只要你勇敢面对，总会挺过来的，等你经历了那些不幸以后，你就可以从不幸中找到幸运的种子了。

　　蔡耀星因家境贫穷，小学毕业就当了学徒。16岁时，他在工作中误触高压电，伤势非常严重，好几家医院都拒收，医生都摇头说"没救了"。后来他辗转进入了一家医院，医生从死神手中抢回他一条命，但是他双臂全被截去，这注定他今后都是"无臂残障者"。由四肢健全的正常人一下子变成"无臂人"，蔡耀星顿感晴天霹雳。

　　然而祸不单行，父亲车祸过世，母亲改嫁，妹妹也远嫁，他一人独居多年，但"还是要活下去啊"！没有手，怎么吃饭？蔡耀星看狗如何吃东西，就学狗一样"直接用嘴吃饭"！没有手，怎么穿衣服？他学会用嘴巴、用脚趾，慢慢将衣服套上！穿裤子呢？他利用树木分叉出的枝杈来钩住裤子，以方便他顺势起身，将裤子套上……所以，在他家中，妹妹、妹夫为他钉了好多钉子及其他"暗器"，来协助他完成每一件事情。别人都是"双手万能"，可是，他却是"双脚万能"，洗头、洗脸、刷牙、写字、拿书、拿电话、梳头……全都靠双脚来完成！连洗米、煮饭、切菜、切肉，也都用双脚来操作，一"脚"的好功夫，真是"神乎其技"了。

"我相信'意念的力量'，我要坚定目标！虽然以前我靠养鸡鸭、捡蜗牛为生，但我还是天天训练体力，在水中游、在路上走、在沙滩上跑，我不管别人怎么看我，但我要为自己而活！希望有一天，我还能参加残疾人奥运会，这是我最大的梦想！"蔡耀星眼中闪耀着期盼与梦想！而这番豪言壮语，他并不是随便说说而已，因为，无师自通的他，早已在前些年参加区运会，成为蛙泳 50 米、100 米，仰泳 50 米的金牌得主；近几年又获得蛙泳、仰泳等多项金牌，被人们敬称为"无臂蛙王"。

取得各种成就的蔡耀星一直有接受教育的梦想。后来，在好心人的协助下，蔡耀星读了夜校。每天，他都风雨无阻，坚持上学，用脚打字、用脚捧书、用脚写考卷，也用脚挺住自己多舛的人生。

在多场学校演讲中，蔡耀星告诉年轻学子们："人生充满希望，去做就对了！""每天愁眉苦脸也是一天，还不如快快乐乐地过每一天！"

一个人生活在这个世界上，总要保证自己最低的自理能力，总要除物质之外再给自己找点精神的东西作为生命的支撑。蔡耀星就把这两点做到了极致，他的命运是悲惨的，但他却很勇敢地面对生活，学着做一些平凡又伟大的事情，若不是意外伤残，他怎会想到自己能够用脚代替手，做到这么多旁人无法想象的事情。蔡耀星就这样用行动告诉我们：没有不可能做到的事情，只是你没有去做，不了解自己身体内部蕴藏的潜能而已。

对生活充满希望的人，在遇到挫折的时候，总是能够沉住气，不妄自菲薄，能够以满腔热情投入到当下的工作中，这种积极的心态也有助于自身潜能的开发。永远不要沦入习惯于消极悲观看问题的人的行列，要保持积极乐观的心态。一定要记住你听到的充满力量的话语，因为所有你听到的或读到的话语都会影响你的行为。

永不对生活绝望，拥有积极的心态，是一个成功者必备的素质。乐观积极的心态，能够使人上进，能够激发人潜在的力量。潜能无时无刻不在，你的心态将是决定潜能发挥与否的一大关键因素，只要你保持积极心态，就能激发自己的无限潜能。无数成功人士的奋斗历程表明：成功是由那些抱有积极心态的人所取得，并由那些以积极的心态努力不懈的人所保持的。拥有积极的心态，即使遭遇困难，也可以获得帮助，扭转局面。

痛苦的价值决定了你成功的上限

不知什么时候数字成了衡量一个人的标准，我们常常听到智商（IQ）、情商（EQ），却没有几个人留意到逆商（AQ）。逆商这一概念是由保罗·斯托尔茨提出来的，这个指数是用来衡量一个人身处逆境时的应对智力和应对能力。

说白了，其实逆商是用来判断一个人能否在逆境中坚持的一个指标。逆商指数低的人，面对一点点挫折就会大惊小怪，认为是命中注定自己倒霉。逆商指数高的人，则能在逆境中积极寻找应对的方法以摆脱逆境。

面对逆境，不同的人会选择不同的应对方式：有的人迎难而上，克服困难；有的人转身逃跑，希望能够逃避；有的人浅尝辄止，尝试一两次就放弃。其实这就跟人用沸水煮胡萝卜、鸡蛋和咖啡一样，虽然是同样的水但煮不同的东西会获得不一样的结果。

用沸水去煮胡萝卜，20分钟后无论多硬的胡萝卜也会变软。用沸水煮鸡蛋，20分钟后原本易碎的鸡蛋变得坚固。而用沸水煮咖啡，整壶水都变成了美味的咖啡。其实人生就像是沸水一样，人就是要丢进去煮的东西，由于心境不同结果也不同。不论是跟人生妥协的胡萝卜，还是愈挫愈勇的鸡蛋，抑或把人生都转变的咖啡，总要去面对，去选择。

最后，你取得的结果就取决于你的逆商指数。逆商决定了你面对困难时是会被吓哭逃跑，还是最终战胜它。

在汶川地震中，有一个人在被困九天九夜后被救了出来。经医生诊治，她能活下来简直是个奇迹，因为她在右侧肱骨骨折、腰椎骨折、左踝骨骨折、5~9根肋骨骨折的情况下坚持了九天九夜。这个人就是38岁的崔昌惠。

在崔昌惠刚刚被解救时，医生检查完她的身体之后，只有一个评价：那就是奇迹。

她坚持九天九夜的传奇经历让人们十分好奇。在接受记者的采访时，崔昌惠说道，她一直以来都凭借着一个信念：要活下去，要回家，解放军一定会救她的。在被困的九天九夜里，她吃过蚯蚓，啃过青草，甚至还喝过自己的尿。

在那样恶劣的环境下，崔昌惠凭借着自己不屈不挠的精神坚持了下来，最终等到了搜寻的救援队，重获新生。不得不说这位38岁的女子有着超出常人的意志，她活下去的信念足以震撼天地。透过她的行为，我们仿佛看到了一个逆商指数极高的人，如何克服生存的难题活了下来的画面。

人总是抱怨为什么人生之路不能一帆风顺，为什么想要获得成功总要付出非人的代价，却没有想到，不付出是永远不会有回报的。正是逆境打磨了一个人的意志，促使人进步和成长，正是逆境让人感悟到了成功和幸福。

如何能够提高自己的逆商指数？如何才能获得战胜困难的勇气？这个问题许多人思索过，答案也并不唯一，但这答案之中一定包括积极乐观的心态和沉住气、不屈不挠的精神。保持乐观心态去面对挫折，坚持努力，这就是提升逆商的途径之一。

有一个千万富翁由于负债累累，最终无奈破产。一无所有的富翁简直失去了活下去的勇气。他想就算自己要死，也要回家乡看一看，在父母的坟上再添一抔土。

从城市到小山村路途十分遥远，下了车的他踏上了归乡的山路。在累得气喘吁吁时，他远远地瞧见一片西瓜地。他停了下来，守着瓜田的是一位热情的老人，见他行路十分疲乏，就亲自去田里挑了个又大又甜的西瓜，给他解渴。

接过老人递过来的西瓜，他和老人自然而然开始了交谈。他眼瞧着满地滚圆的西瓜，心中不免感慨，自己辛苦操劳最后一无所有。他对老人说道："看样子，今年有个好收成啊！"

"嗯，可不是。托老天爷的福，今年还算不错。"老人答道。

"难道往年的收成不好？"听了老人的回答后，破了产的富翁有些疑惑。

老人随口就开始将自己与瓜田相伴的这些年发生的事与他说了一遍，不过不论是遇到干旱还是洪涝，无论收成多坏，老人都没有什么哀怨的表情，仿佛辛苦一年的劳作最后竹篮打水一场空是应该的。最后老人笑笑，说道："人这一辈子，种田就是跟老天爷斗，少不了要吃点苦，受点累。今年年景不好收成不好，还有明年。只要你接着种，总有一天能丰收。"

老人的话像是一道阳光，照进了他满是阴霾的心里。是啊，今年年景不好还有明年，要是放弃了希望就什么都没有了。豁然开朗的他，在临走时悄悄留下了 100 元钱。他回家给父母上完坟后，又回到了曾经打拼的地方，重新创业。很快，几年过去了，他不仅还清了债务，还成了企业界的领航人物。

"只要不放弃希望，再接着耕种下去就能成功"，面对逆境，破产的富翁本来已经放弃了，由于这句话他重燃了信心，最终取得了成功。不怕失败、乐观向上的心态是逆商高的特点之一。逆商并不是虚无缥缈的东西，也不是平白增加的，它可以通过对心境的不断锤炼而增加。

想提升自己的逆商指数，就要学会保持一颗积极乐观的心，要懂得坚持不懈。面对逆境要沉住气，静下心来应对，只有这样才能战胜逆境，赢得卓越人生。

曲线人生，走弯路才是人生的常态

如果你已经做好了最坏的打算，那接下来发生的任何事都是你所能接受的。

对于那些整天担心自己会倒霉、会遇到挫折的人来说，时刻准备好迎接命运的挑战是十分必要的。你已经准备迎接最坏的结果，命运往往也会高抬贵手放你一马，让你感到人生原来没有想象的残酷。

许多身患重病最后却自愈的人，往往是因为他们内心已经坦然地接受了最坏的结果，做好了死亡的打算，这反而激发起他们活下去的信念，最后击溃了病魔而重拾健康。

艾尔·汉里患有严重的胃溃疡，他被这个慢性病折磨得快要疯掉了。20年前，他由于胃出血被送到了医院，医生几乎宣判了他的死刑。为了能活下去，艾尔什么都不敢吃，每天只能靠蛋白粉和半流质的东西维持生命。每天早晚还有护士用橡皮管将他胃里的东西吸出来，避免再次发生胃出血的状况。

艾尔就这样在床上躺了几个月，他简直丧失了活下去的勇气。无所事事的他一整天都躺在床上瞎想，思考这样病恹恹的自己还能做些什么。

突然他萌生了一个念头：既然自己快死了，不如用最后的时间去实现自己一直以来环游世界的梦想。于是艾尔下定决心，出院后开始环游世界。他把他的想法跟医生说了，医生大吃一惊，连忙阻止他不要冒险，怕他会死在路上。

艾尔不理会医生的劝阻，买了一副棺材放到自己即将登上的游轮上，他跟游轮的船长商量好，如果自己不幸身亡，就请船长把自己的尸体冷藏起来带回家乡。

就这样艾尔踏上了环游世界的旅程，起初他每天都要自己洗两次胃。后来洗胃的次数减少了，他发现自己的身体并没有像医生说的那样越来越糟。他不仅不用洗胃，还渐渐能吃些东西了，甚至还能抽上一支雪茄，端着一杯红酒看美丽的海景。

后来他乘坐的游轮遇到了罕见的海上风暴，可他一点也不觉得恐怖，反而非常坦然，最后整船人都活了下来。这次冒险的经历让他一下子意识到，最坏的结果不过是死亡，与其为了健康天天担心自己什么时候会死，不如坦然地面对活着的每一天。

后来他回了国，全然看不出生过病的样子，并积极投入到了工作之中。后来有人问他是怎样战胜病魔的，他笑着说道："最坏的结果不过就是死而已，既然如此那为什么不好好享受活着的光阴。我这么想，顿时觉得十分轻松，也不再去想自己的病，心里渐渐平静下来。可能正是这份平静让我病愈了吧！"

艾尔因为坦然的心态活了下来。他明白自己最坏的结果就是因病不治身亡，正是接受了这样的结果，才使得他有勇气去面对生活。

艾尔的经验并不是要告诉我们，生了病不用去治疗，而是告诉我们要尝试接受最坏的结果，一旦接受了这样的结果就没什么可怕的了。

现实生活中，失败或者痛苦会给人们带来恐慌。其实，与其在那儿恐惧自己会面对什么，不如想想什么是最坏的结果，遇到了最坏的结果自己会怎样。想清楚想明白了，或许就不那么恐惧了。

曾经有一位网友用调侃的笔触写了一份"失业计划"，上面写了自己失业后的打算。内容总共有三部分。第一部分他说自己一定要去卖报纸，既然已经失业了就尝试下自己一直想做的事情，他很好奇自己沦为报童时，能不能承受住路人鄙夷或好奇的目光，是不是还能保持镇静。

第二部分是说自己一定要回家住上一个月，好好陪一陪自己的父母。平日里工作忙只有年假能回家，短短的假期根本无法过个好年，自己要是失业了一定要好好在家住上一个月。

第三部分就是要去上一个短期的精修班，再掌握一门本事。

多一种技能也就多一个希望，没准儿会"因祸得福"找到一份比原来更好的工作。

面对这位网友的调侃，很多人都觉得不过是口上说说。但是难得的就是他面对失业这一事实后的坦然。即便是他真的失业了，相信他一定也能活得非常乐观，因为他已经为自己做好了最坏的打算。

当你已经知道了最坏的情况是什么时，你必须要接受它，只有这样，你才能够保持镇静，沉住气找出改善当前状况的办法。也只有当你接受了最坏的可能时，你才会身心轻松地面对生活，迎接新的挑战。

当面对不幸、遭遇挫折时，人第一时间会选择逃避，这是一种趋利避害的本能。然而，当你试着接受时，会发现所谓的不幸和挫折并没有什么可怕的，当你做好最坏的打算，那么迎来的不好的结果也变成了好的结果，也就不觉得有什么损失，反而认为自己多得了什么。与其等待自己被苦难淹没，不如未雨绸缪，为即将到来的坏事做好准备。

这样在别人失魂落魄不知如何是好时，你已经想好了应对的策略，抢占了先机，距离成功更近一步。做好最坏的打算，接纳最坏的结果就是为即将到来的胜利做准备，就是为成功的道路奠定基石。只有接受了最坏的可能，才能够沉着应对，在困难中窥见成功的影子。

最糟糕的遭遇有时只是美好的转折

有些人遇到挫折，就会气馁，然后躲起来舔舐自己的伤口，从此不敢走出自我。有些人遇到困难，反而迎难而上，对于他们来说，跌倒是为了更好地站起来。谁也不能保证自己的人生不会受到伤害，关键是受到伤害后能否复原。

受到伤害后无法自愈的人，最后只能任由伤口发炎，任凭病菌侵蚀自己的健康。以股票市场为例，有人一夜暴富，成为百万富翁，也有人一夜间一无所有。面对金钱的损失，许多人无法释怀，以至最后精神崩溃，失去了生的意志。

陈女士是别人眼里典型的成功人士，因为事业有成被无数人羡慕。可是开朗乐观的她，面对投资失败只能打落牙齿和血吞，她噩梦连连，几乎要崩溃了。

她深知自己的精神状况不好，于是去心理医生那里寻求帮助。这个别人眼里幸福快乐的成功女士，由于轻信了股票经纪人，瞒着家人失去了将近 20 年的积蓄。面对这样的事情，没人能够心情平静。她见到心理医生，说的第一句话就是要跟那个该死的股票经纪人同归于尽。

后来，在心理医生的帮助下，她终于能够坦然面对这次投资的失败，并把事实告知自己的亲人。她还因此树立了自信，准备从头再来。

面对生活中遇到的挫折，能够将负面情绪及时发泄出来是十分必要的，否则有的人会因为一次的失败而失去斗志，一生都活在失败的阴影中，最后选择用过激手段来解决问题。相反，一个人跌倒了若能够重新站起来，他一定可以走得更远。换句话说，一个人面对受到的伤害，复原的能力越强，他的生存能力也就越强。

席慕蓉说："生命原是要不断地受伤和不断地复原。"这就是为什么温室里的花朵无法享受真正的阳光和雨水的原因。没有经历过受伤和复原过程的生命，总是没那么顽强，一点点挫折就能将他们打倒。然而那些经历过风雨的生命，无论遇到多么狂暴的风雨，都能牢牢扎根，顽强地活下来。

在网络时代，不少人因为互联网的应用发家致富，IT行业更是火得不得了。然而在2000年，网络经济泡沫的破灭使得许多家庭因此蒙受了巨额的经济损失，成千上万的IT精英一下子失去了工作。在美国，有一对年轻夫妇同时失去了工作，摆在他们面前的是房贷、车贷，他们一下子变成了贫民。

经济上的窘迫使得原本生活甜蜜的夫妇俩天天因为钱的事情吵得不可开交，摔东西、吵架也变成了家常便饭，吓得他们5岁的女儿大哭。年轻的妻子，看见哭泣中的女儿，意识到生活不能再这样继续。她发誓要转变这样的现状，不能让自己的婚姻也变得像工作一样失败。她找到了一份工资不高的兼职工作，每当遇到一件开心的事情时，她都会变得特别开心。渐渐地，她的情绪感染了丈夫和女儿。

后来随着网络经济的恢复，她和丈夫又找到了合适的工作。生活变得比以前还幸福。

正是由于那位年轻妻子巨大的复原力，才使得这段婚姻不受影响，他们一家日后的生活变得更美好。

《哈佛商业评论》认为复原能力强的人需要具备三种能力，那就是接受并战胜现实的能力，在危难时刻寻找生活本质的能力和随机应变的能力。

只要具备了这三种能力，在人生的路途中无论遇到怎样的挫折、失败，无论身陷怎样的险境和绝地之中，都能够沉住气，顽强地走下去，最终夺取胜利。

就像人的身体具有修复能力，伤口能自己愈合一样，人的心灵也能经历痛苦的蜕变而复原。拥有这样的复原能力，面对难题，你才能浴火重生。

面对寒潮，不妨勇敢地"冬泳"

2008 年，美国金融危机全面爆发，金融海啸席卷全球。随着世界最大经济体的经济增长放缓，消费信心不足，金融危机向实体经济蔓延。截至 2008 年年末，降薪裁员已波及房地产、航空、石化、电力、IT、证券、金融、印刷等一系列行业。

受金融风暴影响，大多数行业都提前入冬。阿里巴巴集团董事局主席马云给全体员工发了题为"冬天的使命"的邮件，号召阿里巴巴全体员工准备"过冬"。信中有这样一段话："我们对全球经济的基本判断是经济将会出现较大的问题，未来几年经济有可能进入非常困难的时期。我的看法是，整个经济形势不容乐观，接下来的冬天会比大家想象的更长、更寒冷、更复杂！我们准备过冬吧！"

其实，寒冬来了，用不着害怕，既然已经来临，我们就应勇敢面对。只要我们敢于向寒潮挑战，沉住气，寻找危机的突破口，就一定能战胜危机，续写辉煌。

有一位泰国企业家炒房地产，他把自己所有的积蓄和从银行贷到的大笔资金投了进去，在曼谷市郊盖了 15 栋配有高尔夫球场的豪华别墅。但时运不济，他的别墅刚刚盖好，亚洲金融危机爆发了，他的别墅没有卖出去，他也还不起贷款。这位企业家只能眼睁睁地看着别墅被银行没收，连自己住的房子也被拿去抵押，还欠了相当一笔债务。

这位企业家的情绪一时低到了极点，他没想到做生意一向轻车熟路的自己会陷入这种困境。

让人敬佩的是，他并没有因此而消沉，他决定东山再起。他的太太是做三明治的能手，她建议丈夫去街上叫卖三明治，企业家经过一番思索后答应了。从此，曼谷街头就多了一个头戴小白帽、胸前挂着售货箱的小贩。

昔日亿万富翁沿街卖三明治的消息不胫而走，买三明治的人骤然增多，有的顾客出于好奇，有的则是出于同情。许多人吃了这位企业家的三明治后，为这种三明治的独特口味所吸引，经常买企业家的三明治，回头客不断增多。于是这位泰国企业家的三明治生意越做越大，他也走出了人生的低谷。

他叫施利华，他以自己不屈的奋斗精神赢得了人们的尊重。在1998年泰国《民族报》评选的"泰国十大杰出企业家"中，他名列榜首。

作为一个创造过非凡业绩的企业家，施利华曾经备受人们关注，在他事业的鼎盛期，不要说自己亲自上街叫卖，平常人想见一见他，恐怕也得预约。上街卖三明治不是一件惊天动地的大事，但对于习惯了发号施令的施利华来说，从最底层做起，无疑需要极大的勇气。但就是这样的勇气，让他在寒冬之中抵御了寒潮，走出了人生的低谷。

有位哲人说过："什么是路？路就是从没路的地方踏出来的，从只有荆棘的地方开辟出来的。"生活中，谁也不会是一帆风顺的，总会遇到寒冷的"冬天"。当我们遇到时，一定要沉住气，拿出勇气走过人生的灰色地带，对未来充满希望，让自己勇敢地再来一次。很多时候，有些事情看起来没有回旋的余地，但只要不放弃，很可能就会出现转机。而在人生的道路上，也只有那些敢于面对挫折、对生活抱有希望的人，才能走出阴霾，迈向幸福、光明。

第八章

自己的梦想，
自己让它照进现实

有"智"者事竟成，觉悟者业先达

很多人都希望从名人的身上找到走向成功的捷径，为此，比尔·盖茨毫不吝啬地给出了他自己的"人生公式"：

财富＝正确的想法＋足够的时间。

可是，这样的人生秘诀让很多希望得到成功指引的人觉得莫名其妙。人们可能会想：成功应该靠的是机遇、运气、智慧或者还有其他更加神圣的因素，怎么可能单单凭借想法和时间就能够获得成功呢？

洛克菲勒用他的观点给人们提供了一个参考答案，他说："即使把我现在所有的财产都拿走，把我脱个精光放在沙漠里，只要给我足够的时间和一支经过沙漠的商队，我也会很快再次成为百万富翁。所以，真正能够指引人们生活的，不是现在的财富和经验，而是你面对生活的想法。"

世界上最大的未开发区域不是南极洲或者非洲沙漠，而是你的帽子下面。洛克菲勒就是凭借他脑子当中的想法，经过了几十年炉火纯青的历练，形成了开阔的思路和"想法决定一切，想法能够改变一切"的积极心态。

有了想法，并且有了将想法付诸行动的意志，你就能够走向成功：没有机遇，你可以趁势制造机遇；没有财富，你可以寻找合作伙伴；没有人脉，努力之后也能建立属于自己的关系网……世界上所有的财富都是依靠思路来做牵引的，没有一种成功不是由想法来塑造的。

要想撬起世界，它的最佳支点不是地球，不是一个国家、一个民族，也不是别人，而是自己的心灵。

有人说，思维才是人生最大的财富。爱因斯坦也说：人们解决世界的问题，依靠的是大脑和智慧。所以，撬起世界的支点，不是外在的环境，不是你所拥有或者一直羡慕的财富，而是你的想法。要有想法，就要学会正确思考。正确地思考，首先要学会控制自己的思想。卡耐基认为，思想是一个人唯一能完全控制的东西。因为你的思想会受到周围环境的影响，所以，你要有一套科学有序的流程，来控制这些影响因素。

我们常常会看到一些人因为失败而伤心难过，也有一些人对成功有着强烈的渴望，但是外界环境总是阻挠他实现梦想的脚步。爱情不顺利，工作不理想，生活太平淡，激情找不到释放的出口，于是，很多人开始烦躁不安，夜不能眠，食不知味。巨大的精神压力让我们感受不到生活的快乐。

可是，我们有没有想过为什么会这样呢？关键还是在于我们的想法。你的生活不是由外在环境所决定的，而是占据你心灵的想法在决定着你的人生。所以，你要牢记思想家马克·奥瑞利斯所说的话："人的一生是由他的想法来造就的。"适当地改变自己的想法，成功自然就会在不远处招手。

拆掉思维里的墙，才能打开成功的门

人类最有力的武器就是思考。在人的一生中，思考无时无刻不在左右人的行为，影响人的人生轨迹。一个不善于进行理性思考的人，往往就会在行动中失去方向，走上歧途，越努力，错得越多。而只有在正确思考的基础上，我们才能拥有思考带来的益处，成功才能不走弯路。

无论何时何地，遇到问题时，我们都应平心静气地处理，越是重大的决策，越要小心谨慎，头脑冷静，深入思考，缜密分析各种信息，判断各方局势，最终做出认真负责、科学求实的决策。

尤其是在紧急时刻，更要沉着冷静，分析思考，但很多人在危难之中出于本能，都会做出惊慌失措的反应。然而，仔细想来，惊慌失措非但于事无补，反而会添出许多乱子来。所以，临危不乱、处变不惊，以高度的镇定，冷静地分析形势，这是一个成功者应具备的素质。

我们所有的计划、目标和想法，都是思考的产物。我们的思考能力是我们唯一能完全控制的东西。我们可以任意地运用它，使它显示出力量来。

思考是成功的来源，只有当我们渴望成功的时候，我们才会得到成功。如果我们从未想过要成功，那么是很不容易成功的。信仰是脑子里的真理，意念是心中的火焰，成功就来自于思想，思想能够掌握人生。

有一个刚毕业的男孩在报上看到招聘启事，正好是适合他的工作。第二天早上，当他准时赶到应聘地点时，发现应聘队伍已排了 20 个男孩。

他拿出一张纸，写了几行字。然后走出行列，并要求后面的男孩为他保留位子。他走到负责招聘的女秘书面前，很有礼貌地说："小姐，请你把这张便条纸交给老板，这件事很重要。谢谢你！"

这位秘书对他的印象很深刻。因为他看起来神情自若，充满自信。如果是别人，她可能不会放在心上，但是这个男孩不一样，他有一股强有力的吸引力，令人难以忘记。所以，她将这张纸交给老板。

老板打开纸条，看后笑笑交还给秘书，她也把上面的字看了一遍，笑了起来，上面是这样写的：

"先生，我是排在第 21 号的男孩。请不要在见到我之前做出任何决定。"

最后，男孩得到了这份工作。

面对竞争如此激烈的面试，很多人要么打退堂鼓准备走人，要么在等待中准备一套说辞来打动老板。男孩却采用了一种独特而别致的方法打动了老板。而这种创新的方法，正是男孩冷静思考的结晶，其实真正让老板赏识的也正是男孩的这一品质。

冷静思考之所以一直被我们所推崇，是因为冷静思考者不会意气用事，他们以理性而准确的方式处理问题，不会受情绪的左右。

瑞德没有受过正式的学校教育，但他是一个冷静思考的人，这使他成为世界上最富有的人之一。他不浪费时间争辩琐碎或不重要的事情。他根据事实，迅速地做出决策。有一天他遇到老朋友斯曼，斯曼听说瑞德准备开一千家食品连锁店，感到非常惊讶。

"我的合伙人和我，"斯曼说，"只开了一家店就忙不过来了，你还想开一千家！这是错误的想法，瑞德。"

"错误？"瑞德说，"我的一生都在犯错。但是，如果我犯了错，绝对不会停下来讨论。我会继续下去，犯更多的错。"

瑞德继续他食品连锁店的计划。后来，每个星期瑞德连锁店的营业额都高达数百万美元。

冷静思考者一直都被当作是人类的希望。因为他们在他们所做的事情上扮演着先锋者的角色，在理性、睿智的思考中，他们能够不断创新。他们不断创造工业和商业的奇迹，推动科学和教育发展。思考，为勤奋增添了一对远飞的翅膀，让勤奋者能够走得更远，飞得更高。

爱默生曾经说过："当上帝释放一位思想家到这个星球上时，大家就得小心了，因为所有事物都将濒临危险，就像在一座大城市里发生火灾一样，没有人知道哪里才是最安全的地方，也没有人知道火什么时候才会熄灭。科学的神话将使人类发生变化；所有的文学名声以及所有所谓永恒的声誉都可能会被修改或指责；人类的希望、人类的思想、民族宗教以及人类的态度和道德都将受下一代摆布。普遍化将成为神力注入思想的新汇流口，因此悸动也跟随而来。"

爱默生生动地指出冷静思考的重要性，当一个人开始思考的时候，他已经开始与众不同了。因为每个人有每个人不同的想法。尤其在面临困境的时候，思考更是让我们摆脱困境的关键因素。培养自己冷静思考的能力，让自己无论在什么情况下都能淡定自若。

平凡人走一步看一步，成功者思考未来

1910 年，28 岁的他只是一个从耶鲁大学中途辍学的木材商人。有一天，他在观看了一场飞行表演后突发奇想：为什么不把飞机改造成经济实用的交通工具呢？自此，他对飞机产生了浓厚的兴趣，并不断研究飞机的构造。因为那时飞机尚未进入大众视野，驾乘飞机只是少数人用以娱乐、运动的一种昂贵消费，所以当时科学界对他提出的所谓"发展航空事业"嗤之以鼻。但他并未就此放弃，而是开始了十几年如一日的飞机制造。

20世纪20年代，他觉得替美国邮政运送邮件将会是一桩赚钱的生意，于是决定参加"芝加哥—旧金山邮件路线"的竞标。为了竞标成功，他把运输价格压得非常低，反而引起了专家们的怀疑，他们认为他的公司必倒无疑，甚至邮政当局也怀疑他能否撑得下去，要求他交纳保证金才肯签约。但他自信满满，他对公司所研制的飞机的重量进行了严格的要求，不出所料，他的邮件运送业务开始获利，很快，他从运送邮件发展到载运乘客。

二战结束后，航空工业空前萎靡，他的公司也停产了。为谋生计，他不得不转而制作家具，但仍想方设法供养着公司的几个技术骨干，以保证飞机研发计划能继续进行。

他身边传来各种各样的声音，大部分人认为他太过狂热，不切实际，但他坚信，航空业终究会柳暗花明，他说："我可以预见未来……"

他就是这样特立独行、我行我素。今天，这个自以为是的人所创立的飞机制造公司成为全世界最大的商用飞机制造公司之一，他便是闻名全球的波音飞机制造公司的创始人——威廉·波音。

"除了事实之外，再也没有权威，而事实来自正确的认知，预见只能由认知而来。"这是古希腊哲人希波克拉底的话，它也曾被作为座右铭挂在威廉·波音办公室的门上，也确实激励了他一生。

要想比别人看得远，我们就要比别人站得高些；要想比别人走得远，我们就要比别人想得远些。一个想掌控未来的人，就应该像威廉·波音一样对自己的未来有所预见，否则，只会陷入眼前的困惑中，想不开，走不出，不仅会减缓成功的速度，也容易多走弯路，甚至遭遇险情。

培养自己预见未来的能力，要先从培养细致准确的观察力和超前思考的能力入手。众多杰出人士的共同点就是善于观察和思考，通过这两项能力，他们才能看到别人看不到的前方，才能高瞻远瞩地看清时代的发展方向。他们的思维总是超前的，所以他们能够引领时代的潮流。

生活中，那些对自己的未来没有预见的人，往往会被眼前的利益所蒙蔽，看不到远方的危险。所以，要学会高瞻远瞩，培养自己预见未来的能力，拥有开阔的眼界，只有这样才能走向成功。

在预见未来的时候，人非常容易犯想当然的错误，许多认识上的错误都是想当然造成的。事实上，貌似理所当然的事情往往并非必然，这是因为世界上的事物是错综复杂的，一个条件可得出多种结果，一果亦可能多因，影响事物变化发展的，除了必然性，还有偶然性。

一位学者指出："要使自己有一个优秀的大脑，勿被看起来似乎理所当然的事所迷惑。"

这种想当然的猜测不是科学的预见，它会将我们的人生规划和行动引向歧途，所以我们要尽力减少想当然的错误，时时提醒自己不要轻易下结论，时时提醒自己：我的判断充分吗？我的预测合理吗？只有这样，才能做出理性的判断和有价值的预见。

"要是我早点开始就好了！"这是很多人到了一定年龄后的感叹。为了避免将来后悔，最好及早开始。当然，人的预见不可能永远正确，也会有失误的时候，不过，以失误最少者为指针，则是不变的方法。能够弥补这种失误的方法，就是多观察、多思考，用理性的头脑分析问题。成功者都是在不断的预见、不断的思考中走向人生的成功的。

任性不认命，行动是成就野心的唯一途径

长期以来，人们一直在强调思考的价值，以为只要有了好的想法，就能够走向成功。但是事实并不是如此。单单有好的想

法，却没有将其付诸实践，那么那些美好的想法只能划入空想的行列。

怎样才能开放自己的大脑，并且让自己的想法具有更多的价值呢？答案只有一个，就是行动，要表现出来。也许我们都听说过这样一句话：现在的世界不缺少有想法的人，而是缺少能够把好的想法付诸行动的人。我们不缺少行动的人，我们缺少的是能够用行动表现自己的人。

一个静寂的夜里，一朵鲜花悄无声息地绽放，它娇艳无比，婀娜柔嫩，在银白色光辉的照耀下，它芳香四溢，整个夜晚到处都弥漫着它醉人的芳香。然而，它的主人一直沉浸在梦中，既没看到它的美丽，也没闻到它的清香，除了做一个比其他夜晚更加香甜的梦以外，他对此一无所知。就这样，那朵鲜花的绽放没有留下任何痕迹。

一个喧闹的午后，主人的朋友汇聚一堂，引经据典，高谈阔论，气氛异常热烈。恰在此时，在另一棵花树上，一朵鲜花开放了。它也娇柔美艳，婀娜多姿；它也芳香四溢，清新盈鼻。顿时，大家的目光都被那朵鲜花所吸引，便转移话题，围着那盆花树，夸赞起来。为此，主人非常得意，除为客人介绍那朵花的品种、品名和特性外，还向他们自豪地介绍起自己艰辛选择和培育花树的过程。

于是，这棵在人前开放的花树，便被当作重点保护起来。主人为它施最好的肥，浇最适量的水，做最精心的护理。这棵花树也因为享尽了主人给予它的最好待遇，而开放得更加频繁，更加美丽。而那棵在夜里开花的花树，由于主人再也没有理过它，从而缺肥少水，没多久便枯萎地死去了，它死得悄无声息，不留痕迹。

一朵花不能只在深夜里开放，一个人也不能只在心里默默地勾勒自己的想法。当你有了某些具体的想法的时候，有了足够的坚持和信念，也找到了能够达成愿望的突破点后，接下来的最重要的事情，就是你的行动。

意大利爱国志士乔万尼奥里说："伟大的理想只有经过忘我的斗争和牺牲才能胜利实现。"所以说，行动是思想的助推器，只有行动能够提升想法的价值，具有使其变成现实的能力。但是，我们的行动也是要有一定的前提的，就是要让别人看到我们的努力，并得到别人的认可。

在我们的身边，很多人都对生活有着美好的幻想，但是他们要么只热衷于幻想，从来不肯把想法付诸行动。还有一些人则躲在一旁"闭门造车"，不愿意与别人交流，不愿意让别人看到自己的努力。在他们的心里，好像很害怕别人知道他们在做什么，唯恐自己的好创意被别人剽窃了。

在生活中，许多人才华横溢，但因为不会表现、推销自己，而不被众人所知，没有找到发挥才华的舞台，他们就如同那朵夜间偷偷开放的花，无人赏识，怀才不遇。

现代社会是开放的社会，每个人都要在这个开放的大舞台上与众人竞技，而不是在一个封闭的角落里独自吟思，孤芳自赏。只有学会表现自己，推销自己，积极行动起来，才能赢得更多的机遇，得到更多有能力者的赏识。所以，如果你有了好的想法，就要尝试着将心里所想的都表现出来，尽情地绽放自己的光芒，不要在寂静无人的深夜，要在拥挤如潮的人群中，让他们发现你的美丽，让他们知道你的价值，就如同那朵在午后开放的花一样。

唯有如此，你的想法才变得更有价值，你才能被赏识，你才能真正得到你所该得到的最好待遇，发挥出自己的专长，最终实现自己的人生梦想。

人生最酷的事，莫过于把吹过的牛一一实现

在现实中，很多事情都不像看上去那么简单，生活总是会给我们意想不到的惊喜，所以我们不能只凭借主观上的判断来推测事情的结果，而应该将行动进行到底，让最终的结果来证实我们的想法是对还是错。

在一个已经被各种条条框框所规范的世界里，失去思想的进步与突破将意味着彻底毁灭。人需要经由改变环境而改变自己，需要经由对工作负责、对生活负责而对自己负责。怯懦与勇敢、

守旧与创新、因循与改变都是人头脑中的东西，因此一个人的成功与失败只能由他自己把握，也就是说，一切的结果都是由他的思想决定的。

人类为了规范社会行为，制定了很多的规则。一旦有人违背了这套规则，就会为众人所不容，处处遭到别人的鄙夷和唾弃。条条大路通罗马，走向成功的路不可能只有一条。所以，当我们与众人的想法相违背的时候，不要害怕别人轻视的目光，而要努力实现自己的想法。只有这样，我们才有机会让事情的最后结果来证明我们是对还是错。对了，我们就可以向世人证明，我们最初的判断是正确的；错了，最起码我们知道了这条路是不可行的，也从中获得了成长的经验。

一个知名的酒店，想要招聘厨师长。招聘启事贴出去当天，就有很多报名的人。经过层层选拔之后，其中一个人从很多人当中脱颖而出。

招聘的程序之一是比赛处理湖蟹，这是一道很麻烦的工序，很多员工都不愿意做。可是这个酒店就是以湖蟹为特色的，每天需要处理的湖蟹都有很多。所以，在招聘的时候，老板搞了一场处理湖蟹的比赛。

这位应聘者果然经验丰富，他处理的湖蟹又快又好，很快就占了上风，最先完成比赛。按照酒店的规定，试用期是三天，三天以后还要带着自己的手下人一起来比赛。这位应聘者信心满满，没有任何的担忧。

而就在他自信自己一定可以成功的时候，另一位应聘者笨拙的处理湖蟹的样子引发了众人的哄笑。人们显然不敢相信这样笨拙的人还敢来应聘厨师长的职务。但是，为了招聘工作能够顺利进行，老板还是把这个笨拙的人留了下来，以便三天后能够与那个优秀的人一起比赛。

转眼三天过去了，比赛的时间到了。优秀的人带领着他的手下人以很快的速度处理湖蟹，可是奇怪的是，优秀的人处理得非常快，他的手下人却处理得很慢。与之相反，笨拙的人处理得虽然不快，可是他的手下人却处理得很快。

比赛的结果可想而知。这个时候，笨拙的人说道："大家都以为我做得很慢，其实我是故意让他们的，因为如果一个领导者什么事情都能做得很好，那么手下人就会失去信心，觉得自己没有办法超越了。可是，如果领导让一步，将手下人的工作激情都能调动起来，那么这么多人的力量一定可以超过一个人的力量。"

想法决定行动，思路引导实践，但是只有结果能够检验思路是正确的还是错误的。

我们的感官认知往往存在片面性。因为每一个人在做出判断的时候，都会有一定的自我期待涵盖在里面，所以在推断结果的时候，就会加入自己的主观意识，希望事情按照自己的想法发展。但是事情的发展往往受很多偶然因素影响，谁也没办法在事情结束之前就知道它是否还有转机，所以单单依靠自己的推测来预期结果是不可靠的。

人生的美好在于不设限

知识、见识和胆识，词典里给出的解释是这样的：知识的意思是人们在社会实践中所获得的认识和经验的总和；见识的意思是见闻、知识；胆识的意思是胆量和见识。

知识大部分是书本上得来的，基本上属于理论范围；见识是在知识的基础上有一定的实践；胆识则是人的能力和魄力，是才能和知识的集合。

知识的内容包罗万象，所涉及的范围广泛。而见识是一个人对身边周围事物及社会的观察、思考和积累的程度，是一个人通过参与社会实践所获得的认识和经验的积累。所谓见多识广的人，多是那些有着丰富经验的人。此外见识还意味着一个人对事物认识的维度，即深度、高度和广度。

人常常在不知不觉中，以目前仅有的见识来企求自己所希望得到的东西。人生仅有一次，如果只相信自己的见识，得到的将会只是一个狭窄的人生。应该发散思维，开放心中的格局，拓展更为宽广的人生。

一个人对事物的洞悉能力和感知能力常常来源于他的见识。

常言道：读万卷书不如行万里路，行万里路不如阅人无数，阅人无数不如重叠成功人的脚步。接受教育，不间断地学习，是知识积累的过程；把学到的知识直接或间接地在实践中去运行阐释，借鉴正反两方面的经验，遇事多分析、多总结，自然减少了无知的盲目举动和不知所措的愚蠢行为，这就是见识，是充满了聪明和智慧的。

学习的知识通过实践的经历的酿造不断积淀，逐渐厚重起来，那么具有个人风格的见识便于实践中形成了。见识是知识在实践中淬炼的美丽结晶。

胆识是将胆量和见识合二为一的综合体。不管是做出一个重要决定，还是在舞台上面对观众，无论是在工作中还是生活中，每个人都会经受过这样的考验：关键时刻，有没有胆量站在一个崭新的高度，迎接某些原本自己能力达不到的挑战。最后使你坚定并坚持下来的，是犀利的眼光、坚强的意志以及明智的选择，这便是胆识。

哲人说过，所谓"君子"者，在何种事态下都能随机应变，如鱼在水中，灵活自如，游刃有余。也就是说，君子不只是要修养自身的品行，获得出众的见识，还要能将自己的见解付诸实施并应用自如，而这需要之前做好充分的准备。

日本"经营四圣"之一稻盛和夫先生在日本哲学大家安冈正笃的著作中，对"知识""见识""胆识"有了领悟。稻盛和夫认为，胆识的母亲是勇气。倘若没有排除万难、坚忍不拔、坚持奋斗到底的勇气，那么一切知识便立刻灰飞烟灭，没有勇气作支撑的知识是一盘散沙，无用武之地。

很多人知道这个道理，却在困难面前犹豫踌躇，关键就在于他们缺乏勇气。过分在意"自我"会导致勇气的丧失。很多感性的小烦恼，以及对别人的责难或厌烦的担心，这些以自我为重的忧虑想法都会成为勇气的杀手。没有了勇气，自然更谈不上胆识，最终导致自己裹足不前。

常言说，"读论语而不知论语"。许多人都读过圣贤书，也知道很多道理。然而仅仅停留在"知"的层面还不够，应当把知识通过实践提升为见识，把见识通过勇气升华为胆识。

为了更好地生活，人们就要掌握各种各样的知识。然而，知识本身是很单薄的，几乎承担不起任何的实际作用。要将知识进一步转化成具有强大实践能力的见识。当然，这还是不够的，要用真正的勇气把见识打造成不为任何事所动的胆识，这才是成就大事业的支撑点。

有胆量才会有突破，有突破才会有创新。然而倘若没有知识和见识给勇气打底，那勇气只是匹夫之勇或意气用事。而只有知识和见识，那么只能纸上谈兵或望梅止渴。有了知识和见识的勇气才是胆识，"有胆无识狂为勇，有识无胆多空谈"。做一个有胆有识的人，不但要积累知识、增长见识，更要有必胜的勇气和决心，有敢于挑战的胆量。

别让才华横溢最终成了怀才不遇

把时间花到自己特长的领域，将大大提高获得成功的概率。要关心自己能做什么，做什么能够做到最好；而不是将注意力放到自己不能做什么上，那样除了让自己更加沮丧，没有任何益处。

不要在你不太擅长的领域花费力气。对于你不太擅长的领域，尽量避免花费力气，因为要从"不太胜任"进步到"马马虎虎"，其中所花费的力气和功夫，要远多于从"表现一流"提升到"卓越优秀"。所以，与其把时间花在不擅长的领域，不如花时间发挥自己的长处。

生活中，特别是不自信的人，往往会把优秀的标准定得太高，而对自身的优点视而不见。事实上，每个人都不是一无是处的，每个人身上都有独特的天赋，如果你能够正视自己的价值，发挥自己的优势，你就能够在自信中充分挖掘出自身的潜能。

20世纪80年代中后期，受美国政府的高利率政策以及高财政赤字影响，全球经济增长放慢。但是，随着技术加速进步，市场急剧变化，竞争更加严峻。在这种环境下，胜败立现。对企业来说，没有足够的实力，就没有机会生存下去。通用电气公司此时面临着严峻的竞争压力。一方面日本企业的产品大量进入美国，通用公司的市场份额大为减少，利润下降。另一方面，通用公司是推行多元化战略的企业，在很多领域，通用公司已经不具备优势。

杰克·韦尔奇接任通用公司首席执行官的时候，通过雷吉·琼斯的介绍，和德鲁克见了面。

在德鲁克的启发下，韦尔奇认识到，必须发现并把握通用公司的优势，并且不断地完善通用的优势。于是"数一数二"这一理念得以清晰化、明朗化。通用公司如果要成为世界上最强大的企业，就要在所从事的业务中，在各自的市场上成为第一或者第二；对不是最强的业务，或者关闭，或者出售。

通过德鲁克的启发，韦尔奇意识到，对于面临严重危机的通用公司而言，要充分发挥自身优势，就要在自己的业务中做第一或第二，把精力和努力从那些没有优势的业务上收回。韦尔奇将发现自我优势的思维方式运用到"数一数二"战略上，并且迅速整合了通用公司，使通用公司很快摆脱困境，走向成功。

许多人能够成功，不是因为他们没有缺点，而是因为他们把自己的长处充分发挥了出来。在竞争激烈的现代社会，每个人都在努力提升自己的竞争力，而时间就是金钱，我们与其花费大量的时间弥补自己的不足，改善自己的缺点，不如集中力量发挥长处。当我们将长处发挥到极致时，别人大多会忽略我们的缺点和不足。

在《伊索寓言》里有这样一则故事：

一天，一只蚊子飞到一只狮子跟前，挑衅地对狮子说："你为什么如此狂妄自大，自认为是兽中之王，所有的动物甚至连人类都怕你呢？我尽管是一只小小的蚊子，但是我要告诉你：我不怕你！"

"你不怕我？"狮子哈哈大笑起来。

"是的。"蚊子重复了一遍，"再说，你引以为傲的力量是什么呢？你只知道用爪子抓，用牙齿咬。而我则比你厉害得多。要是你不服，我们不妨来比试一下！"

狮子冷笑一声，猛地甩起尾巴，但费了很大的力气，它都没能击中蚊子。蚊子在狮子耳边嗡嗡地吵个不停："我们来比一比吧，看我如何赢你！"

狮子忍无可忍，便同意道："好吧，既然你要自讨苦吃，就让我们来比个高低吧！"

这时，只见蚊子扑向狮子，在它那一点毛也没有的鼻子上叮了一口。狮子感到一阵刺痛，气得伸出爪子来扑蚊子，可蚊子却避开了，一转眼，又飞回来叮狮子的鼻子。

狮子用舌头舔着他那又痛又痒的鼻子，拼命用尾巴抽打，好像疯子似的乱蹦乱跳，然而，却始终没碰到蚊子的一根汗毛，它依然一个劲儿地叮着狮子。

蚊子飞到一旁，得意扬扬地嗡嗡叫，嘲笑狮子说："你瞧见了吧？你的力量在我面前简直不值一提！"

事实上，蚊子之所以战胜狮子并不是因为它很厉害，而是它懂得如何利用自己的长处，攻击狮子的鼻子那样没有毛的地方。

2200多年前，数学家阿基米德对国王说："给我一个支点，我就能撬动地球。"对于人生而言，支点是什么？就是要找到自己的最重要的才能，充分发挥自己的长处，这样才能将自己人生的成功撬起来。

一个人的个性早在进入社会前就已经基本确定。所以，一个人会有什么样的表现，就如同一个人擅长什么或者不擅长什么一样，都是天生的。这一点虽然可以调整，通过后天努力去变换，但是无法彻底改变。因此，如果一个人去做他擅长的事情，他就会有所收获。

把时间花到自己的长处上，更容易让自己获得成功。古今中外，许多成功人士都是将自己的长处发挥到了极致。

很多人都以为知道自己的长处，其实不然，在大多数情况下，人们比较清楚的是自己的短处。

针对如何找到自己的长处这个问题，有一个回馈分析法：每当你要做出一个重大决策时，请事先写好你所预料的结果，在经过9到12个月后，你可以从实际结果与预先的比较中，得到一个回馈的信息。

这个简单的方法将告诉你，你的长处在哪里。在回馈分析中，你会看出一些重要并且应该做的事情：克服你在知识上的自大，并努力学习那些有助于发挥自身长处和优势的技巧和知识。找到自己的长处和不足，明白该学习什么，这些都是促进自我成长过程中必须解决的重要问题。